コンパクトシリーズ 流れ

# 流体シミュレーションの応用 II

河村哲也 著

インデックス出版

# Preface

　気体と液体は，どちらも固体のように決まった形をもたず，自由に変形し，どのような形の容器でも満たすことができるといったように性質が似ているため，まとめて流体とよんでいます．流体の運動など力学的な性質を調べる分野が流体力学であり，われわれは空気や水といった流体に取り囲まれて生活しているため，実用的にも非常に重要です．

　流体力学はいわば古典物理学に分類され，基礎になる法則は単純で質量保存，運動量保存，エネルギー保存の各法則です．これらを数式を使って表現したものが基礎方程式ですが，流体が自由に変形するという性質をもつため非線形の偏微分方程式になります．その結果，数学的な取扱いは著しく困難になります．一方，現実に流体は運動していますので，解はあるはずで，実用的な重要性から，近似的にでもよいので解を求める努力がなされてきました．

　特に 1960 年代にコンピュータが実用化され，それ以降，流体の基礎方程式をコンピュータを使って数値的に解くという，数値流体力学の分野が急速に発展してきました．そして，現在の流体力学の主流は数値流体力学といえます．さらに，数値流体力学の成果を使って流体解析を行えるソフトウェアも，高価なものからフリーのものまで多く存在します．ただし，そういったソフトウェアを用いる場合，理屈や中身を理解しているのといないのでは大違いであり，単純に出力された結果を鵜呑みにすると大きな間違いをしてしまうといった危険性もあります．

　このようなことからも数値流体力学の書籍は多く出版されていますが，分厚いものが多く初歩の段階では敷居が高いのも確かです．そこで，本シリーズの目的は数値流体力学およびその基礎である流体力学を簡潔に紹介し，その内容を理解していただくとともに，簡単なプログラムを自力で組めるようにいていただくことにあります．具体的には本シリーズは

　　1. 流体力学の基礎
　　2. 流体シミュレーションの基礎
　　3. 流体シミュレーションの応用 I
　　4. 流体シミュレーションの応用 II
　　5. 流体シミュレーションのヒント集

の 5 冊および別冊（流れの話）からなります．1．は数値流体力学の基礎としての流体力学の紹介ですが，単体として流体力学の教科書としても使えるようにしています．2．については，本文中に書かれていることを理解し，具体的に使えば，最低限の流れの解析ができるようになるはずです．流体の方程式のみならず常微分方程式や偏微分方程式の数値解法の教科書としても使えます．3．は少し本格的な流体シミュレーションを行うための解説書です．2．と 3．では応用範囲の広さから，取り扱う対象を非圧縮性流れに限定しましたが，4．は圧縮性流れおよびそれと性質が似た河川の流れのシミュレーションを行うための解説書です．また 5．では走行中の電車内のウィルスの拡散のシミュレーションなど興味ある（あるいは役立つ）流体シミュレーションの例をおさめています．そして，それぞれ読みやすさを考慮して，各巻とも 80 〜 90 ページ程度に抑えてあります．またページ数の関係で本に含めることができなかったいくつかのプログラムについてはインデックス出版のホームページからダウンロードできるようにしています．なお，別冊「流れの話」では流体力学のごく初歩的な解説，コーシーの定理など複素関数論と流体力学の関係，著者と数値流体力学のかかわりなどを記しています．

　本シリーズによって読者の皆様が，流体力学の基礎を理解し，数値流体力学を使って流体解析ができることの一助になることを願ってやみません．


河村　哲也

# Contents

# Chapter 1

# 圧縮性流れ

　流速が音速のおよそ 3 割を超えると流体の圧縮性の効果が無視できなくなります．このような状況は飛行機まわりの流れなど航空分野の流体力学では普通に現れます．圧縮性を考慮に入れる場合には基礎方程式に質量保存，運動量保存，エネルギー保存のすべてが必要になりますが，それに加えて状態方程式など熱力学的関係式も使います．そのため，数学的な解析は非常に困難ですが，非圧縮性の場合もそうであったように，粘性を無視してよい場合には取り扱いはかなり簡略化されます．本章では非粘性の圧縮性流れの解析の基礎部分を簡単に紹介します．

## 1.1　音波

　**音**はよく知られているように空気の密度（圧力）の高い部分と低い部分が空気中を伝播する現象です．したがって，もちろん流体力学的な現象ですが，密度変化を考慮しなければならない点において，非圧縮性の現象とは異なります．一方，音を取り扱う場合には空気の粘性は無視できます．

　本節では，静止した流体にわずかに圧力（密度）変動を与えた場合に，それがどのように伝わるかを考えてみます．ただし，簡単のためその変動は 1 方向（$x$ 方向）にのみ伝わるとします．

　基礎方程式は密度変化まで考慮した連続の式

$$\frac{\partial \rho}{\partial t} + \frac{\partial (\rho u)}{\partial x} = 0 \tag{1.1}$$

および，完全流体に対するオイラー方程式

$$\frac{\partial u}{\partial t} + u \frac{\partial u}{\partial x} = -\frac{1}{\rho} \frac{\partial p}{\partial x} \tag{1.2}$$

になります．ただし，未知数は $\rho$, $u$, $p$ の 3 つあるため，このままでは方程式は閉じません．そこで，圧力と密度の間に

$$p = f(\rho) \tag{1.3}$$

という状態方程式を仮定します（**バロトロピー流体**）．たとえば，流体が気体で，断熱変化する場合には

$$p = k\rho^{\gamma} \tag{1.4}$$

という関係があるため，式 (1.3) の特殊な場合になっています．ただし $k$ は正の定数であり，また $\gamma$ は**定圧比熱**を**定積比熱**で割った量（**比熱比**）で 2 原子分子の気体では 1.4 の値をもちます．

　静止状態からのずれを問題にするため，$u$, $p$, $\rho$ は

$$u = u', \quad p = p_0 + p', \quad \rho = \rho_0 + \rho' \tag{1.5}$$

と書くことができます．ただし $p_0$, $\rho_0$ は静止状態の圧力と密度であり，またダッシュのついた量は微小な量であり，これらの量どうしの積は 0 とみなせるものとします．

　式 (1.5) を式 (1.1), (1.2) に代入してダッシュがついた項どうしの積の項を高次の微小量として無視すれば

$$\frac{\partial \rho'}{\partial t} + \rho_0 \frac{\partial u'}{\partial x} = 0 \tag{1.6}$$

$$\frac{\partial u'}{\partial t} = -\frac{1}{\rho_0} \frac{\partial p'}{\partial x} \tag{1.7}$$

となります．一方，式 (1.3) から

$$\frac{\partial p'}{\partial x} = \frac{\partial p}{\partial x} = \left(\frac{dp}{d\rho}\right)_0 \frac{\partial \rho}{\partial x} = \left(\frac{dp}{d\rho}\right)_0 \frac{\partial \rho'}{\partial x}$$

となるため，これを式 (1.7) に代入すれば

$$\frac{\partial u'}{\partial t} = -\frac{1}{\rho_0} \left(\frac{dp}{d\rho}\right)_0 \frac{\partial \rho'}{\partial x}$$

となり，この式と式 (1.6) から $\rho'$ を消去すれば

$$\frac{\partial^2 u'}{\partial t^2} = \left(\frac{dp}{d\rho}\right)_0 \frac{\partial^2 u'}{\partial x^2} \tag{1.8}$$

が得られます. 同様に $u'$ を消去すれば

$$\frac{\partial^2 \rho'}{\partial t^2} = \left(\frac{dp}{d\rho}\right)_0 \frac{\partial^2 \rho'}{\partial x^2} \tag{1.9}$$

が得られます.

式 (1.8), (1.9) はどちらも同じ**波動方程式**であり, 一般解

$$u'\ (\text{または}\ \rho') = f(x - at) + g(x + at) \tag{1.10}$$

をもつことは, これをもとの方程式に代入することにより簡単に確かめられます. ただし, $f$, $g$ は任意の関数であり, また

$$a = \sqrt{\left(\frac{dp}{d\rho}\right)_0} \tag{1.11}$$

は以下に示すように, 音の伝わる速さ (**音速**) を表します. ここでまず式 (1.10) の右辺第 1 項 $f(x - at)$ について考えてみます. この式に $t = 0, 1, 2, \cdots$ を代入すると

$$f(x),\quad f(x - a),\quad f(x - 2a), \cdots$$

というように関数 $f(x)$ を順に $a$ ずつ右に平行移動した関数が得られます. すなわち, もとの関数が形を変えずに単位時間の間に $a$ ずつ右にずれていくことを示しています (図 1.1 参照). したがって, この項は速さ $a$ で $x$ の正方向に伝わる波を表しています. 同様に第 2 項は速さ $a$ で $x$ の負方向に伝わる波を表します. したがって, $a$ は密度変動が伝わる速さ, すなわち音速になります.

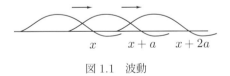

図 1.1　波動

流体が液体である場合には

$$\frac{dp}{d\rho} = \frac{K}{\rho} \tag{1.12}$$

となります. ここで $K$ は**体積弾性率**であり水の場合 2.1GPa 程度です. そこで, 音速は常温, 常圧での水の密度 999 kg/m$^3$ を用いて, 式 (1.11) から約 1450 m/s となります.

一方，**断熱変化**をする気体の場合には，式 (1.4) から

$$\frac{dp}{d\rho} = \frac{\gamma p}{\rho}$$

となるため，音速は

$$a = \sqrt{\frac{\gamma p}{\rho}} \tag{1.13}$$

で与えられます．さらに，理想気体の場合には状態方程式

$$p = \rho \frac{R}{m} T$$

が成り立つため

$$a = \sqrt{\gamma \frac{R}{m} T} = \sqrt{\gamma(c_p - c_v)T} \tag{1.14}$$

となります．ただし、マイヤーの関係式 $c_p = c_v + R/m$ を用いています。ここで $c_p, c_v$ はそれぞれ定圧比熱と定積比熱で

$$\gamma = \frac{c_p}{c_v}$$

の関係があります．この式に $\gamma = 1.4$，$R/m = 287.1 \mathrm{~J/(kg \cdot K)}$，$T = 287 \mathrm{~K}$ を代入すれば $a$ は約 340 m/s となります．

## 1.2　圧縮性非粘性流体の定常流れ

流体の圧縮性を考慮したとき，粘性および熱伝導性が無視できる流れの基礎方程式は熱源がない場合

$$\frac{\partial \rho}{\partial t} + \nabla \cdot (\rho \boldsymbol{v}) = 0 \tag{1.15}$$

$$\frac{\partial \boldsymbol{v}}{\partial t} + \nabla \left( \frac{|\boldsymbol{v}|^2}{2} \right) + \boldsymbol{\omega} \times \boldsymbol{v} = -\frac{1}{\rho} \nabla p \tag{1.16}$$

$$\frac{\partial S}{\partial t} + (\boldsymbol{v} \cdot \nabla)S = 0 \tag{1.17}$$

となります. ここで, $\boldsymbol{\omega} = \boldsymbol{\nabla} \times \boldsymbol{v}$ で渦度、また $S$ は**エントロピー**です. これら
は, それぞれ質量保存, 運動量保存およびエネルギー保存の式を表しています.
式 (1.17) は以下のようにして導けます. まず, エネルギー保存式, すなわち

$$\frac{De}{Dt} + \frac{p}{\rho}(\nabla \cdot \boldsymbol{v}) = -\frac{1}{\rho}\nabla \cdot \Theta + \Phi + Q$$

において, 粘性を無視するため散逸関数 $\Phi$ は 0 です. また, 熱源はないので
$Q = 0$ です. さらに, 連続の式から

$$\frac{1}{\rho}\nabla \cdot \boldsymbol{v} = -\frac{1}{\rho^2}\frac{D\rho}{Dt} = \frac{D}{Dt}\left(\frac{1}{\rho}\right)$$

が得られます. これらを考慮すればエネルギー保存式は

$$\frac{De}{dt} + p\frac{D}{Dt}\left(\frac{1}{\rho}\right) = -\frac{1}{\rho}\nabla \cdot \Theta \tag{1.18}$$

となります. 一方, 系の単位質量あたりに流入する熱量を $\delta q$ とすれば**熱力学
の第 1 法則**から

$$\delta q = de + pd\left(\frac{1}{\rho}\right)$$

となり[*1], さらに**熱力学第 2 法則**から

$$\delta q = TdS$$

となるため

$$TdS = de + pd\left(\frac{1}{\rho}\right) \tag{1.19}$$

が成り立ちます. したがって, 流体の運動に沿った変化に対して

$$T\frac{DS}{Dt} = \frac{De}{Dt} + p\frac{D}{Dt}\left(\frac{1}{\rho}\right) \tag{1.20}$$

となります. この式を用いれば, 式 (1.18) は

$$T\frac{DS}{Dt} = -\frac{1}{\rho}\nabla \cdot \Theta \tag{1.21}$$

---

[*1] 単位質量を考えているため, $1/\rho$ は体積に対応します. したがって, この式は熱を与えたと
き（左辺）, その熱は内部エネルギーの増加（温度上昇）（右辺第 1 項）と外圧に抗して膨張
するときの仕事（右辺第 2 項）に使われることを示しています.

と書けます．そこで，熱流がない場合には式 (1.17) が成り立ちます．

　方程式 (1.15)〜(1.17) を閉じさせるためには，このほかに**状態方程式**

$$p = \rho^{\gamma} \exp\left(\frac{S - S_0}{c_v}\right) \tag{1.22}$$

あるいは

$$p = \frac{R}{m}\rho T = (c_p - c_v)\rho T \tag{1.23}$$

を加える必要があります．

　さて，本節では定常流れを考えるため，式 (1.17) から

$$\boldsymbol{v} \cdot \nabla S = 0 \tag{1.24}$$

となります．この式は $S$ の流線方向の方向微分が $0$ であること，すなわち

$$S = 一定値（流線に沿って）$$

であることを意味しています．一方，

$$I = e + \frac{p}{\rho} \tag{1.25}$$

で定義される**エンタルピー** $I$ を導入すれば，式 (1.19) を考慮して

$$\nabla I = \nabla e + p\nabla\left(\frac{1}{\rho}\right) + \frac{1}{\rho}\nabla p = T\nabla S + \frac{1}{\rho}\nabla p$$

となります．この式と式 (1.16) で時間微分を $0$（定常）とした式から $\nabla p$ を消去すれば

$$\boldsymbol{\omega} \times \boldsymbol{v} = T\nabla S - \nabla\left(\frac{1}{2}|\boldsymbol{v}|^2\right) - \nabla I \tag{1.26}$$

が得られます．

　式 (1.26) と $\boldsymbol{v}$ との内積をとれば，$\boldsymbol{\omega} \times \boldsymbol{v}$ が $\boldsymbol{v}$ と垂直であることおよび式 (1.24) を考慮して

$$\boldsymbol{v} \cdot \nabla\left(\frac{1}{2}|\boldsymbol{v}|^2 + I\right) = 0$$

となり，したがって，

$$\frac{1}{2}|\boldsymbol{v}|^2 + I = 一定値（流線に沿って）\tag{1.27}$$

が成り立つことがわかります．式 (1.27) の左辺は全エネルギーを意味しているため，式 (1.27) は全エネルギーが流線に沿って保存されることを表す**圧縮性流体のベルヌーイの定理**になっています．

**理想気体**の場合には，$I$ は定圧比熱 $c_p$ を用いて $I = c_p T$ となるため，式 (1.27) は

$$\frac{1}{2}|\boldsymbol{v}|^2 + c_p T = \frac{1}{2}|\boldsymbol{v}|^2 + \frac{a^2}{\gamma - 1} = \text{一定値（流線に沿って）} \tag{1.28}$$

となります．ただし，式 (1.14) から得られる

$$c_p T = \frac{a^2}{\gamma - 1}$$

を用いています．式 (1.28) は，式 (1.13) を用いて

$$\frac{1}{2}|\boldsymbol{v}|^2 + \frac{\gamma}{\gamma - 1}\frac{p}{\rho} = \frac{\gamma}{\gamma - 1}\frac{p_0}{\rho_0} \quad \text{（流線に沿って）} \tag{1.29}$$

とも書けます．ただし添字 0 は静止状態での値を表します．

## 1.3　1 次元管内の流れ

図 1.2 に示すような **1 次元管内の気体の流れ**を考えることにします．ただし，流れは管に沿っているとして 1 次元流れを仮定します．気体が断熱変化する場合には

$$p\rho^{-\gamma} = p_0\rho_0^{-\gamma} \tag{1.30}$$

であるため，式 (1.29) は

$$\frac{1}{2}v^2 + \frac{\gamma}{\gamma - 1}\frac{p_0}{\rho_0^\gamma}\rho^{\gamma - 1} = \frac{\gamma}{\gamma - 1}\frac{p_0}{\rho_0} \quad \text{（流線に沿って）} \tag{1.31}$$

となります．この式の微分は

$$v\,dv + \frac{\gamma p_0}{\rho_0^\gamma}\rho^{\gamma - 2}d\rho = 0$$

ですが，式 (1.30) を用いれば

$$\frac{d\rho}{\rho} = -\frac{\rho}{\gamma p}v\,dv = -\frac{M^2 dv}{v} \tag{1.32}$$

と書けます．ただし，$a = \sqrt{\gamma p / \rho}$ を用いました．ここで

$$M = v/a$$

は，流速と音速の比であり，**マッハ数**とよばれています．

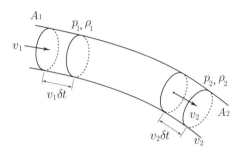

図 1.2　管内流れ

　管の断面積を $A$，管に沿った流速を $v$ としたとき，質量保存法則から

$$\rho v A = \text{一定値} \tag{1.33}$$

となります．この式の微分は

$$\frac{d\rho}{\rho} + \frac{dv}{v} + \frac{dA}{A} = 0 \tag{1.34}$$

です．式 (1.32) と式 (1.34) から $d\rho/\rho$ を消去すれば

$$(1 - M^2)\frac{dv}{v} + \frac{dA}{A} = 0 \tag{1.35}$$

であり，同様に $dv/v$ を消去すれば，

$$\left(1 - \frac{1}{M^2}\right)\frac{d\rho}{\rho} + \frac{dA}{A} = 0 \tag{1.36}$$

となります．式 (1.35)，(1.36) から，マッハ数が 1 より小さいときには，非圧縮性流体と同じく，管の断面積が小さくなる場合（$dA < 0$）には流速は大きくなり，密度は低下します．また管の断面積が大きくなると流速は小さくなり，密度は増加することがわかります．逆に，マッハ数が 1 より大きいときは，管の断面積が小さくなる場合には流速は小さくなり，密度が増加し，管の断面積

が大きくなる場合には流速は大きくなり密度が低下します．なお，以上の議論は密度を圧力または温度におきかえても成り立ちます．

　図 1.3 に示すような中央部分がくびれた管を**ラバール管**といいます．ラバール管によって外界（左）と低圧容器（右）がつながれているとします．このとき，容器内外の圧力差によって管に流れが生じますが，最初は低速であるので，マッハ数は 1 より小さく流速は管内で加速され，圧力は減少します．このとき管のもっともくびれた部分でマッハ数が 1 に達しなければ，その後，管の断面積が増加するため，流速は減少して圧力は増加し，最終的に管の端で容器の圧力に一致します．このときの管内の圧力分布は図 1.4 の曲線 A のようになります．なお，管内の流速は容器内外の圧力差で決まります．このような状況は，低圧容器内の圧力が曲線 A の右端の圧力より小さくても，管のくびれ部分で流速が音速にほぼ一致するまで続きます．図の曲線 B がくびれ部でちょうど音速になった状態を示すとします．この曲線が出口でもつ圧力を $p_B$ とします．

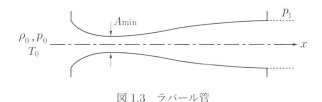

図 1.3　ラバール管

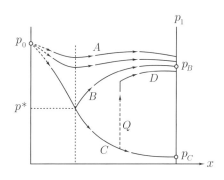

図 1.4　ラバール管内の圧力分布

　次に低圧容器の圧力が十分に低い場合を想定します．このとき，もしくびれ部で流速が音速を少しでも越えていれば，その後はマッハ数が 1 より大きい場合の議論に従い，管の面積が増加するに従い，流速は増加し，圧力が減少しつづけます．そして，管の出口で図の C 曲線で示すような圧力 $p_C$ に達します．この圧力が低圧容器の圧力より大きければ，空気は噴出後に膨張します．しかし，低圧容器の圧力より小さければ空気は圧縮されて，管内に特異な現象が生じます．これは，低圧容器の圧力が図の $p_B$，$p_C$ の間の場合に対応します．特に容器内の圧力が $p_B$ よりは小さいが，それに近い状態では，図の D の曲線のように広がった管内のある点 Q において急激に圧力が増加し，その後，マッハ数が 1 より小さい流れになって，圧力が増加して出口で容器の圧力に一致するようになります．この圧力が急に変化する現象を**衝撃**とよび，また衝撃の起きている面を**衝撃波**といいます．

## 1.4　衝撃波

　前節で述べたラバール管内にできる衝撃波のように流れに垂直な衝撃波を考えます．図 1.5 に模式的に示すように，衝撃波の上流側の物理量を添え字 1 で，下流側の物理量を添え字 2 で表すことにします．このとき，図に示すように衝撃波をはさむような検査面をとり，この面を出入りする質量，運動量およびエネルギーの保存を考えると

$$\rho_1 u_1 = \rho_2 u_2 \tag{1.37}$$

$$\rho_1 u_1^2 + p_1 = \rho_2 u_2^2 + p_2 \tag{1.38}$$

$$\frac{1}{2}u_1^2 + \frac{\gamma}{\gamma-1}\frac{p_1}{\rho_1} = \frac{1}{2}u_2^2 + \frac{\gamma}{\gamma-1}\frac{p_2}{\rho_2} = \frac{\gamma+1}{2(\gamma-1)}a^2 \tag{1.39}$$

となります．これは 6 つの物理量 $\rho_1, u_1, p_1, \rho_2, u_2, p_2$ に対する 3 つの関係式であるため，3 つの量を与えれば残りの 3 つが決まります．

　式 (1.39) から

$$\frac{p_1}{\rho_1 u_1} = \frac{\gamma+1}{2\gamma}\frac{a^2}{u_1} - \frac{\gamma-1}{2\gamma}u_1$$

$$\frac{p_2}{\rho_2 u_2} = \frac{\gamma+1}{2\gamma}\frac{a^2}{u_2} - \frac{\gamma-1}{2\gamma}u_2$$

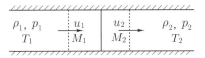

図 1.5　垂直衝撃波

となりますが，これを式 (1.37), (1.38) から得られる関係式

$$u_2 - u_1 = \frac{p_1}{\rho_1 u_1} - \frac{p_2}{\rho_2 u_2}$$

に代入すれば

$$\frac{\gamma + 1}{2\gamma}\frac{a^2}{u_1 u_2} = \frac{\gamma + 1}{2\gamma}$$

となります．この式からプラントルの関係式とよばれる

$$u_1 u_2 = a^2 \tag{1.40}$$

が得られます．

　さらに，$M_1$ を衝撃前のマッハ数としたとき

$$\frac{\rho_1 u_1^2}{p_1} = \gamma M_1^2$$

であるため，式 (1.38) は式 (1.37) を考慮して

$$\gamma M_1^2 \left(\frac{\rho_1}{\rho_2} - 1\right) = 1 - \frac{p_2}{p_1}$$

となり，式 (1.39) は

$$(\gamma - 1)M_1^2\left(1 - \left(\frac{u_2}{u_1}\right)^2\right) + 2\left(1 - \frac{\rho_1}{\rho_2}\frac{p_2}{p_1}\right) = 0$$

となります．ここで式 (1.37) から，

$$\frac{u_2}{u_1} = \frac{\rho_1}{\rho_2}$$

となるため，これらの 3 つの式を用いて

$$\frac{u_2}{u_1} = \frac{\rho_1}{\rho_2} = \frac{(\gamma - 1)M_1^2 + 2}{(\gamma + 1)M_1^2} \tag{1.41}$$

$$\frac{p_2}{p_1} = \frac{2\gamma M_1^2 - (\gamma - 1)}{\gamma + 1} \tag{1.42}$$

が得られます.

衝撃後のマッハ数 $M_2$ は

$$M_2^2 = \frac{u_2^2 \rho_2}{\gamma p_2} = M_1^2 \frac{u_2}{u_1} \Big/ \frac{p_2}{p_1}$$

と書けるため，式 (1.41), (1.42) を用いて

$$M_2^2 = \frac{(\gamma-1)M_1^2 + 2}{2\gamma M_1^2 - (\gamma-1)}$$

となります．この式から，$M_1 > 1$ ならば $M_2 < 1$ であること，いいかえれば衝撃波を通り越して流れは**超音速**から**亜音速**（音速以下）に変わることがわかります.

また，式 (1.41) と式 (1.42) から $M_1$ を消去すれば

$$\frac{\rho_2}{\rho_1} \left( = \frac{u_1}{u_2} \right) = \frac{1 + [(\gamma+1)/(\gamma-1)](p_2/p_1)}{(\gamma+1)/(\gamma-1) + (p_2/p_1)} \tag{1.43}$$

となります．この関係式を**ランキン・ユゴニオの式**といいます.

衝撃波をはさんだエントロピーの変化は状態方程式から以下のようにして求まります．すなわち，式 (1.22) から得られる

$$S_2 - S_1 = c_v \log \left[ \left( \frac{p_2}{p_1} \right) \left( \frac{\rho_1}{\rho_2} \right)^\gamma \right]$$

において式 (1.43) を考慮すれば

$$S_2 - S_1 = c_v \log \left[ \frac{p_2}{p_1} \left( \frac{(\gamma+1)/(\gamma-1) + p_2/p_1}{1 + ((\gamma+1)/(\gamma-1))(p_2/p_1)} \right)^\gamma \right] \tag{1.44}$$

となります．この式から $p_2/p_1 \geq 1$，すなわち衝撃波を越えて波が圧縮される場合には $S_2 \geq S_1$ となり，エントロピーは減少しませんが，逆に $p_2/p_1 \leq 1$，すなわち衝撃波を越えて波が膨張する場合には $S_2 \leq S_1$ となり，エントロピーは減少します．しかし，後者の変化は熱力学第 2 法則に反するため，結局，衝撃波は必ず**圧縮波**であることがわかります.

図 1.6 に示すように，くさび型の物体に中心線に平行な超音速流があたっているとします．このとき，くさび先端から斜め下流方向に向かう衝撃波が生じます．この衝撃波を**斜め衝撃波**といいます．以下，斜め衝撃波前後の関係式を

求めてみます．衝撃波上流側を添え字 1，下流側を添え字 2 で表すことにし，また速度のうち，衝撃波面に垂直方向成分を $u$，平行方向成分を $v$ とします．このとき，$v_1 = v_2$ が成り立ちます．

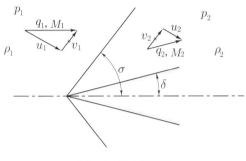

図 1.6　斜め衝撃波

　くさびおよび斜め衝撃波が中心線となす角をそれぞれ $\delta$，$\sigma$ とします．このとき，図 1.6 に示すように，衝撃波面に平行な速度成分

$$v_1 = u_1 \cot \sigma, \quad v_2 = u_2 \cot(\sigma - \delta)$$

がそれぞれ等しいため

$$u_1 \cot \sigma = u_2 \cot(\sigma - \delta)$$

となり，さらに連続の式から

$$\rho_1 u_1 = \rho_2 u_2$$

が成り立つため，

$$\tan(\sigma - \delta) = \frac{\rho_1}{\rho_2} \tan \sigma \tag{1.45}$$

が得られます．

　さらに垂直衝撃波で成り立つ関係式 (1.41)，(1.42) は，斜め衝撃波では衝撃波面への入射マッハ数を，垂直衝撃波の $M_1$ から $M_1 \sin \sigma$ に変化させることにより，

$$\frac{u_2}{u_1} = \frac{\rho_1}{\rho_2} = \frac{(\gamma - 1)M_1^2 \sin^2 \sigma + 2}{(\gamma + 1)M_1^2 \sin^2 \sigma} \tag{1.46}$$

$$\frac{p_2}{p_1} = \frac{2\gamma M_1^2 \sin^2 \sigma - (\gamma - 1)}{\gamma + 1} \tag{1.47}$$

となることがわかります．くさびの頂角が非常に小さいときは衝撃波は弱く，その結果，上式の衝撃波前後での物理量の比は 1 に近いと考えられる場合には，これらの式から

$$M_1^2 \sin^2 \sigma = 1$$

が得られます．したがって，

$$\sigma = \sin^{-1}\left(\frac{1}{M_1}\right)$$

となります．角度 $\sigma$ を**マッハ角**といいます．

# 1.5　2次元ポテンシャル流れ

1.1 節と同じく，圧力と密度の間に

$$p = f(\rho)$$

という関係があるとします．このとき

$$\frac{\partial p}{\partial x} = \frac{dp}{dq}\frac{\partial \rho}{\partial x} = a^2 \frac{\partial \rho}{\partial x}$$

$$\frac{\partial p}{\partial y} = \frac{dp}{dq}\frac{\partial \rho}{\partial y} = a^2 \frac{\partial \rho}{\partial y}$$

となります．ここで $a$ は音速です．さらに**ポテンシャル流**（渦無し流れ）では

$$\frac{\partial u}{\partial y} = \frac{\partial v}{\partial x}$$

となり，これらの関係を定常な運動方程式（オイラー方程式）に代入すれば

$$u\frac{\partial u}{\partial x} + v\frac{\partial v}{\partial x} = -\frac{a^2}{\rho}\frac{\partial \rho}{\partial x}$$

$$u\frac{\partial u}{\partial y} + v\frac{\partial v}{\partial y} = -\frac{a^2}{\rho}\frac{\partial \rho}{\partial y}$$

が得られます．

一方，定常状態での連続の式は

$$0 = \frac{\partial \rho u}{\partial x} + \frac{\partial \rho v}{\partial y} = \rho \left( \frac{\partial u}{\partial x} + \frac{\partial v}{\partial y} \right) + u \frac{\partial \rho}{\partial x} + v \frac{\partial \rho}{\partial y}$$

です．この式と上式から $\partial \rho / \partial x, \partial \rho / \partial y$ を消去すれば，

$$\left( 1 - \frac{u^2}{a^2} \right) \frac{\partial u}{\partial x} - \frac{uv}{a^2} \left( \frac{\partial v}{\partial x} + \frac{\partial u}{\partial y} \right) + \left( 1 - \frac{v^2}{a^2} \right) \frac{\partial v}{\partial y} = 0 \qquad (1.48)$$

となります．この式はまた**速度ポテンシャル** $\phi$, すなわち

$$u = \frac{\partial \phi}{\partial x}, \quad v = \frac{\partial \phi}{\partial y}$$

を用いれば，

$$\left[ 1 - \frac{1}{a^2} \left( \frac{\partial \phi}{\partial x} \right)^2 \right] \frac{\partial^2 \phi}{\partial x^2} - \frac{2}{a^2} \frac{\partial \phi}{\partial x} \frac{\partial \phi}{\partial y} \frac{\partial^2 \phi}{\partial x \partial y} + \left[ 1 - \frac{1}{a^2} \left( \frac{\partial \phi}{\partial y} \right)^2 \right] \frac{\partial^2 \phi}{\partial y^2} = 0$$
$$(1.49)$$

と書き換えられます．この式が定常な 2 次元**圧縮性ポテンシャル流**の基礎方程式になります．

$x$ 方向に速度 $U$ の一様な流れの中に流れ方向に薄い物体が置かれたとします．このとき，流れは微小な速度成分 $u', v'$ を用いて

$$u = U + u', \quad v = v'$$

と書けます．この式を式 (1.48) に代入してダッシュのついた項の 2 次以上の項を省略すれば

$$\left( 1 - \frac{U^2}{a^2} \right) \frac{\partial u'}{\partial x} + \frac{\partial v'}{\partial y} = 0$$

が得られます．代表的なマッハ数 $M$ を $M = U/a$ とすれば，上式は

$$(1 - M^2) \frac{\partial u'}{\partial x} + \frac{\partial v'}{\partial y} = 0 \qquad (1.50)$$

となります．さらに，速度ポテンシャルとして

$$\phi = Ux + \varphi$$

とおけば

$$u' = \frac{\partial \varphi}{\partial x}, \quad v' = \frac{\partial \varphi}{\partial y}$$

となります．したがって，式 (1.50) は

$$(1 - M^2)\frac{\partial^2 \varphi}{\partial x^2} + \frac{\partial^2 \varphi}{\partial y^2} = 0 \tag{1.51}$$

となります．式 (1.51) は $M < 1$ のとき，$1 - M^2 = n^2\ (n > 0)$ とおけば

$$n^2\frac{\partial^2 \varphi}{\partial x^2} + \frac{\partial^2 \varphi}{\partial y^2} = 0 \tag{1.52}$$

となるため**楕円型の偏微分方程式**です*2．この式で独立変数の変換

$$x = \xi, \quad y = \frac{\eta}{n}$$

を行えば，ラプラス方程式

$$\frac{\partial^2 \varphi}{\partial \xi^2} + \frac{\partial^2 \varphi}{\partial \eta^2} = 0 \tag{1.53}$$

が得られます．したがって，この方程式の境界条件を満足する解を $\varphi(\xi, \eta)$ とすれば，もとの方程式の解は $\varphi(x, ny)$ となります．

　次に式 (1.51) で $M > 1$ のときは，$M^2 - 1 = m^2\ (m > 0)$ とおけば

$$m^2\frac{\partial^2 \varphi}{\partial x^2} - \frac{\partial^2 \varphi}{\partial y^2} = 0 \tag{1.54}$$

となりますが，これは**双曲型の偏微分方程式**であり，2 次元波動方程式になっています．

---

*2 線形 2 階微分方程式

$$A\frac{\partial^2 \varphi}{\partial x^2} + B\frac{\partial^2 \varphi}{\partial x \partial y} + C\frac{\partial^2 \varphi}{\partial y^2} + D\frac{\partial \varphi}{\partial x} + E\frac{\partial \varphi}{\partial y} + F\varphi = G$$

において $B^2 - 4AC < 0$ のとき楕円型，$B^2 - 4AC = 0$ のとき放物型，$B^2 - 4AC > 0$ のとき双曲型といいます．同じ型の微分方程式の解は性質が似ています．

# Chapter 2

# オイラー方程式の数値解法

　本シリーズの 2 と 3 の「流体シミュレーションの基礎」と「流体シミュレーションの応用 I」では非圧縮性ナビエ・ストークス方程式について数値シミュレーションの方法を解説しました．一方，航空分野では流速の速い流体を取り扱うため，圧縮性ナビエ・ストークス方程式を基礎方程式に用いる必要があります．圧縮性ナビエ・ストークス方程式に対しても多くの数値解法がありますが，方程式に含まれる粘性項は計算を安定させる効果であるため，解法の重要部分は粘性を無視したオイラー方程式の取り扱いにあります．本章ではオイラー方程式の数値解法への導入として，代表的な陽解法である MacCormack 法と流速ベクトル分離法，そして代表的な陰解法である Beam-Warming 法について説明します．また疑似圧縮性法についても簡単に紹介します．

## 2.1　オイラー方程式

　前章でも述べましたが，気体の流れが音速に近くなったり音速を超える場合には，圧縮性の影響が顕著となり，圧縮性の効果を取り入れた計算を行う必要があります．圧縮性流れを精度よく計算するためには，粘性を考慮に入れた**圧縮性ナビエ・ストークス方程式**を解く必要があります．しかし，圧縮性流体の解析が重要な課題となる航空関係の計算では，流れが剥離しない場合を取り扱うことも多く，そのような場合には，粘性の効果を無視した**オイラー方程式**を用いても，少なくとも第一近似として，十分に役立つことも確かです．さらに，圧縮性流体に対する数値解法の本質的な部分は 2 次元オイラー方程式の中に含まれており，3 次元の場合でも，またナビエ・ストークス方程式の場合でも大幅に変更されるわけではありません．したがって，本章では 2 次元オイラー方程式の数値解法について説明することにより，圧縮性流体の数値計算法への導入とします．

　2次元の圧縮性流体の運動を支配するオイラー方程式は，デカルト座標系で表現すると次式になります：

$$\frac{\partial \boldsymbol{q}}{\partial t} + \frac{\partial \boldsymbol{E}}{\partial x} + \frac{\partial \boldsymbol{F}}{\partial y} = 0 \tag{2.1}$$

ただし

$$\boldsymbol{q} = \begin{bmatrix} \rho \\ \rho u \\ \rho v \\ e \end{bmatrix} \quad \boldsymbol{E} = \begin{bmatrix} \rho u \\ \rho u^2 + p \\ \rho uv \\ u\,(e+p) \end{bmatrix} \quad \boldsymbol{F} = \begin{bmatrix} \rho v \\ \rho uv \\ \rho v^2 + p \\ v\,(e+p) \end{bmatrix} \tag{2.2}$$

です．ここで $\rho$ は密度，$u,\ v$ は速度の $x,\ y$ 成分，$e$ は単位体積あたりの**全エネルギー**，$p$ は圧力です．式 (2.1) の未知数は $\rho,\ u,\ v,\ e$，したがって $\boldsymbol{q}$ であり，圧力 $p$ は**状態方程式**を通してこれらの量と結びついています．たとえば，**理想気体**に対しては状態方程式

$$p = (\gamma - 1)\left\{ e - \frac{1}{2}\rho\left(u^2 + v^2\right) \right\} \tag{2.3}$$

が成り立ちます．ここで $\gamma$ は比熱比で通常 1.4 です．式 (2.1) は未知量 $\boldsymbol{q}$ に関して時間発展形になっており，初期条件，境界条件を与えて時間発展させれば順次解が求まる形をしています．このことは非圧縮性流体の方程式にはみられなかった性質であり，圧縮性流体の方程式の数値解法を簡単化するうえで役立っています．

　応用上，任意形状の領域で解を求める必要があるため，「流体シミュレーションの応用 I」の 4 章で説明した一般座標変換

$$\begin{cases} x = x\,(\xi, \eta) \\ y = y\,(\xi, \eta) \end{cases} \tag{2.4}$$

を導入します．このとき式 (2.1) は

$$\frac{\partial \boldsymbol{q}}{\partial t} + \frac{\partial \xi}{\partial x}\frac{\partial \boldsymbol{E}}{\partial \xi} + \frac{\partial \eta}{\partial x}\frac{\partial \boldsymbol{E}}{\partial \eta} + \frac{\partial \xi}{\partial y}\frac{\partial \boldsymbol{F}}{\partial \xi} + \frac{\partial \eta}{\partial y}\frac{\partial \boldsymbol{F}}{\partial \eta} = 0$$

となりますが，両辺を $J'$ で割って変形すると

$$\frac{\partial}{\partial t}\left(\frac{\boldsymbol{q}}{J'}\right) + \left(\frac{\boldsymbol{E}\xi_x + \boldsymbol{F}\xi_y}{J'}\right)_\xi + \left(\frac{\boldsymbol{E}\eta_x + \boldsymbol{F}\eta_y}{J'}\right)_\eta$$

$$= \boldsymbol{E}\left\{\left(\frac{\xi_x}{J'}\right)_\xi + \left(\frac{\eta_x}{J'}\right)_\eta\right\} + \boldsymbol{F}\left\{\left(\frac{\xi_y}{J'}\right)_\xi + \left(\frac{\eta_y}{J'}\right)_\eta\right\} \qquad (2.5)$$

と書き換えられます．ただし，$J'$ は「流体シミュレーションの応用 I」で与えたヤコビアン $J$ の逆数で

$$J' = \xi_x\eta_y - \xi_y\eta_x = 1/(x_\xi y_\eta - x_\eta y_\xi) = 1/J \qquad (2.6)$$

です[*1]．このとき

$$\xi_x/J' = y_\eta \quad \xi_y/J' = -x_\eta \quad \eta_x/J' = -y_\xi \quad \eta_y/J' = x_\xi$$

が成り立つため，これを式 (2.5) の右辺に代入すると 0 になります．したがって式 (2.5) は

$$\frac{\partial\hat{\boldsymbol{q}}}{\partial t} + \frac{\partial\hat{\boldsymbol{E}}}{\partial \xi} + \frac{\partial\hat{\boldsymbol{F}}}{\partial \eta} = 0 \qquad (2.7)$$

ただし

$$\hat{\boldsymbol{q}} = \frac{\boldsymbol{q}}{J'} \quad \hat{\boldsymbol{E}} = \frac{\xi_x E + \xi_y F}{J'} \quad \hat{\boldsymbol{F}} = \frac{\eta_x E + \eta_y F}{J'} \qquad (2.8)$$

となります．すなわち変数変換 (2.4) を行っても方程式の形は変わりません．いま新しい変数 $U$, $V$ を

$$U = \xi_x u + \xi_y v$$
$$V = \eta_x u + \eta_y v \qquad (2.9)$$

で定義します．$U$, $V$ はそれぞれ $\xi$, $\eta$ 座標に沿った**反変速度**とよばれています．この $U$, $V$ を用いて $\hat{\boldsymbol{E}}$, $\hat{\boldsymbol{F}}$ を書き換えると

$$\hat{\boldsymbol{E}} = \frac{1}{J'}\begin{bmatrix} \rho U \\ \rho u U + \xi_x p \\ \rho v U + \xi_y p \\ (e+p)\,U \end{bmatrix} \quad \hat{\boldsymbol{F}} = \begin{bmatrix} \rho V \\ \rho u V + \eta_x p \\ \rho v V + \eta_y p \\ (e+p)\,V \end{bmatrix} \qquad (2.10)$$

---

[*1] わざわざこのように記すのは数学や航空工学の分野での慣例に従ったためであり，それらの文献で現れる $J$ は通常ここで記す $J'$ のことです．

となります. $U$, $V$ は式 (2.9) を用いて $u$, $v$ から必要に応じて計算できるため, 式 (2.7) は (2.1) に比べそれほど複雑になっていません. すなわち, 変数変換 (2.4) を行っても基礎方程式はあまり複雑にならないことがわかります.

　境界条件について簡単に記しておきます. 上流境界に対しては一様流を与えるなど問題ごとにはっきりと課される場合が多くあります. 下流境界については, 超音速流の場合は下流の影響が上流に伝わらないため事情は簡単です. 一方, 亜音速流や遷音速流に対しては非圧縮性の場合と同様に正確な条件を課すのは困難になります. 現実には, 下流境界を十分に遠方にとったうえで一様流などの条件を課すか, 外挿を行って決めています. 壁面上では, ナビエ・ストークス方程式の場合は粘着条件ですが, オイラー方程式の場合は方程式は 1 階であるため, 流れが壁面に沿うという**すべり壁条件**を課します. いま一般座標系において $\eta =$ 一定の曲線が壁面を表すとすれば, 前述の反変速度 $U$, $V$ を用いて, 壁面が静止している場合には, すべり壁条件は

$$V = 0 \tag{2.11}$$

となります. $x$, $y$ 方向の速度 $u$, $v$ についてこの条件を表現するには, 式 (2.11) を式 (2.9) に代入して $u$, $v$ について解くことにより

$$\begin{pmatrix} u \\ v \end{pmatrix} = J' \begin{pmatrix} \eta_y & -\xi_y \\ -\eta_y & \xi_y \end{pmatrix} \begin{pmatrix} U \\ 0 \end{pmatrix} \tag{2.12}$$

となります. 壁面上での圧力は式 (2.7) の第 2 成分に $\eta_x$, 第 3 成分に $\eta_y$ をかけて和をとった次式から求めます. ただし添字 $n$ は壁面に垂直方向の微分を示しています.

$$-\rho U \left( \eta_x u_\xi + \eta_y v_\xi \right) = \left( \eta_x \xi_x + \xi_y \eta_y \right) p_\xi + \left( \eta_x^2 + \eta_y^2 \right) p_\eta = \sqrt{\eta_x^2 + \eta_y^2} p_n \tag{2.13}$$

## 2.2　陽解法

　本節ではデカルト座標系のオイラー方程式 (2.1) について説明しますが, 一般座標系での方程式 (2.7) に対してもまったく同様に適用できます. また, 本節では精度, 安定性に優れ, しばしば用いられる **MacCormack 法**を紹介します.

MacCormack 法は一種の予測子・修正子法で，式 (2.1) に対し

予測子： $\bar{q}_{i,j}^{n+1} = q_{i,j}^n - \dfrac{\Delta t}{\Delta x}\left(E_{i+1,j}^n - E_{i,j}^n\right) - \dfrac{\Delta t}{\Delta y}\left(F_{i,j+1}^n - F_{i,j}^n\right)$ (2.14)

修正子： $q_{i,j}^{n+1} = \dfrac{1}{2}\left\{ q_{i,j}^n + \bar{q}_{i,j}^{n+1} - \dfrac{\Delta t}{\Delta x}\left(\bar{E}_{i,j}^{n+1} - \bar{E}_{i-1,j}^{n+1}\right)\right.$

$$\left. - \dfrac{\Delta t}{\Delta y}\left(\bar{F}_{i,j}^{n+1} - \bar{F}_{i,j-1}^{n+1}\right)\right\}$$ (2.15)

のように 2 段階に分けて近似します．ここで修正段階における $\bar{E}$, $\bar{F}$ は $E$, $F$ に予測段階で得られた $\bar{q}$ を代入して計算した値を示しています．上に示した基本形では予測子における $E$, $F$ 両方に対して前進差分を用い，修正子における $E$, $F$ 両方に対して後退差分を用いています．ただし予測，修正の 1 サイクルで前進差分と後退差分が 1 度ずつ現れていることが本質であるので種々の変形が可能になります．たとえば，はじめの 1 サイクルでは，予測子に対しては $E$ について前進差分，$F$ について後退差分を用い，修正子に対しては $E$ について後退差分，$F$ について前進差分を用います．そして次の 1 サイクルではちょうどその逆の組み合わせにします．このようにして全体としての差分法の偏りを小さくすることも可能です．

　なお，ナビエ・ストークス方程式の場合には，$E$, $F$ に微分項が入ってくるため，それを正しく近似しないと精度が落ちることになります．すなわち，精度を保つには $E$ に現れる $x$ 微分項については $\partial E/\partial x$ の差分とは反対方向に差分近似を行い（たとえば $\partial E/\partial x$ に前進差分を用いた場合は後退差分），$y$ 微分項については中心差分で近似します．同様に $F$ に対しては $x$ 微分項に中心差分を用い，$y$ 微分項には $\partial F/\partial y$ と反対方向の差分をとる必要があります．

　実用的な問題では定常解を求めることが多いのですが，MacCormack 法など陽解法を用いる場合，その安定条件が計算の効率に対して重大な影響を及ぼします．なぜなら陽解法を用いる限り，$\Delta t$ の大きさには厳しい制限がつくため，定常に対するまでに多くの時間ステップを必要とするからです．特に粘性計算に応用する場合，境界層内に多く格子を入れる必要上，空間刻みも小さくとる必要があり，この問題は深刻になります．通常このような場合には原理的には無条件安定の陰解法を用いるのがよいのですが，細かくとるべき格子が座標の一方向に限られる場合には，以下に説明する**時間分割法**（time splitting 法）を

陽解法に適用すれば，ある程度定常解への収束を加速することができます．

　時間分割法とは，2 次元以上の問題に対して，一度にすべての方向について時間を進めるのではなく，各方向ごとに別々に時間を進める方法のことを指しますが，MacCormack 法に適用すれば以下のようになります．いま，式 (2.1) に対して，$x$ 微分に対してのみ MacCormack 法を適用する差分オペレータ $L_x$ を

$$\boldsymbol{q}_{i,j}^{**} = L_x \left(\Delta t_x\right) \boldsymbol{q}_{i,j}^{*}$$

で定義します．具体的には上のオペレータは

$$\bar{\boldsymbol{q}}_{i,j}^{**} = \boldsymbol{q}_{i,j}^{*} - \frac{\Delta t_x}{\Delta x} \left(\boldsymbol{E}_{i+1,j}^{*} - \boldsymbol{E}_{i,j}^{*}\right)$$

$$\boldsymbol{q}_{i,j}^{**} = \frac{1}{2} \left\{ \boldsymbol{q}_{i,j}^{*} + \bar{\boldsymbol{q}}_{i,j}^{**} - \frac{\Delta t_x}{\Delta x} \left(\bar{\boldsymbol{E}}_{i,j}^{**} - \bar{\boldsymbol{E}}_{i-1,j}^{**}\right) \right\}$$

を意味します．同様に，$y$ 方向に対する差分オペレータ $L_y$ を

$$\boldsymbol{q}_{i,j}^{**} = L_y \left(\Delta t_y\right) \boldsymbol{q}_{i,j}^{*}$$

で定義します．このオペレータも具体的には

$$\bar{\boldsymbol{q}}_{i,j}^{**} = \boldsymbol{q}_{i,j}^{*} - \frac{\Delta t_y}{\Delta y} \left(\boldsymbol{F}_{i,j+1}^{*} - \boldsymbol{F}_{i,j}^{*}\right)$$

$$\boldsymbol{q}_{i,j}^{**} = \frac{1}{2} \left\{ \boldsymbol{q}_{i,j}^{*} + \bar{\boldsymbol{q}}_{i,j}^{**} - \frac{\Delta t_y}{\Delta y} \left(\bar{\boldsymbol{F}}_{i,j}^{**} - \bar{\boldsymbol{F}}_{i,j-1}^{**}\right) \right\}$$

を意味します．このとき時間分割 MacCormack 法は

$$\boldsymbol{q}_{i,j}^{n+1} = L_y \left(\frac{\Delta t}{2}\right) L_x \left(\Delta t\right) L_y \left(\frac{\Delta t}{2}\right) \boldsymbol{q}_{i,j}^{n} \tag{2.16}$$

と書けます．この式の精度は $O\left(\Delta t^2, \Delta x^2, \Delta y^2\right)$ で 2 次となりますが，一般には次のことが知られています．すなわち，時間分割法は，(i) 各オペレータに対して，それぞれが決める安定条件内の $\Delta t$ を用いれば安定であり，(ii) 各オペレータの時間刻みの和が同じであれば，時間分割しない方法と矛盾せず（コンシステント），(iii) もし各オペレータの順序が対称なら 2 次精度を保ちます．式 (2.16) は上の 3 つの条件を満たしますが，それ以外にたとえば

$$\boldsymbol{q}_{i,j}^{n+1} = \left\{ L_y \left(\frac{\Delta t}{2m}\right) \right\}^m L_x \left(\Delta t\right) \left\{ L_y \left(\frac{\Delta t}{2m}\right) \right\}^m \boldsymbol{q}_{i,j}^{n} \tag{2.17}$$

を用いても上の条件を満足します。式 (2.17) は $\Delta y \ll \Delta x$ のとき有用な差分公式です。

## 2.3 流束ベクトル分離法

「流体シミュレーションの応用 I」では，非圧縮性ナビエ・ストークス方程式に対する有力な差分法である上流差分法について述べましたが，圧縮性オイラー方程式 (2.1) に適用しようとすると困難が起きます。なぜなら，式 (2.1) では，変数が複雑に結合しているため，そのままの形ではどのような量が波として伝わるかがわからないからです。まずはじめに 1 次元の方程式

$$\frac{\partial \boldsymbol{q}}{\partial t} + \frac{\partial \boldsymbol{E}}{\partial x} = 0 \tag{2.18}$$

を例にとってこの点をはっきりさせます。式 (2.18) を局所的に線形化すると

$$\frac{\partial \boldsymbol{q}}{\partial t} + A\frac{\partial \boldsymbol{q}}{\partial x} = 0 \tag{2.19}$$

ただし，

$$A = \frac{\partial \boldsymbol{E}}{\partial \boldsymbol{q}}$$

となります。いま行列 $A$ を対角化するような相似変換 $T$ があったとすると，その $T$ を用いて

$$TAT^{-1} = \begin{bmatrix} \lambda_1 & 0 & 0 \\ 0 & \lambda_2 & 0 \\ 0 & 0 & \lambda_3 \end{bmatrix} \equiv [\lambda] \tag{2.20}$$

とすることができます。ただし，$\lambda_1, \lambda_2, \lambda_3$ は $A$ の固有値であり，以後の議論では近似的に定数とみなすことにします。このとき (2.19) の左から $T$ をかけると

$$T\frac{\partial \boldsymbol{q}}{\partial t} + TAT^{-1}T\frac{\partial \boldsymbol{q}}{\partial x} = 0$$

であるため

$$\frac{\partial \boldsymbol{Q}}{\partial t} + [\lambda]\frac{\partial \boldsymbol{Q}}{\partial x} = 0 \tag{2.21}$$

が得られます．ただし，$Q = Tq$ とおきました．$[\lambda]$ は対角行列なので，式 (2.21) は各成分ごとに独立な 3 つの波動方程式を表し，それぞれの解の伝わる速さは $\lambda_1, \lambda_2, \lambda_3$ です．

　理想気体に対する 1 次元オイラー方程式について，具体的に $A$ や $\lambda$ を求めてみます．いま，$m = \rho u$ とおくと，

$$q = \begin{bmatrix} \rho \\ m \\ e \end{bmatrix} \quad E = \begin{bmatrix} m \\ m^2/\rho + p \\ (e+p)\,m/\rho \end{bmatrix} = \begin{bmatrix} m \\ (\gamma-1)\,e + (3-\gamma)\,m^2/2\rho \\ \gamma em/\rho - (\gamma-1)\,m^3/2\rho^2 \end{bmatrix} \tag{2.22}$$

となります．ただし，理想気体に対する状態方程式[*2]

$$p = (\gamma-1)\left(e - m^2/2\rho\right) = (\gamma-1)\,\rho\varepsilon \tag{2.23}$$

を用いました．このとき，

$$A = \frac{\partial E}{\partial q} = \begin{bmatrix} 0 & 1 & 0 \\ (\gamma-3)\,u^2/2 & (3-\gamma)\,u & \gamma-1 \\ (\gamma-1)\,u^3 - \gamma eu/\rho & \gamma e/\rho - 3\,(\gamma-1)\,u^2/2 & \gamma u \end{bmatrix} \tag{2.24}$$

であり，固有値を求めると

$$\lambda_1 = u, \quad \lambda_2 = u + c, \quad \lambda_3 = u - c \tag{2.25}$$

となります．ただし，$c = \sqrt{\gamma p/\rho}$ は音速を表します．流れが亜音速 $(u < c)$ の領域を含む場合，固有値は正と負の符号をもちます．このことは上流差分を用いる場合に，成分によって上流側のとり方を変える必要があることを意味しています．すなわち，式 (2.21) の各成分に対し，同じ差分のとり方をしたのでは上流差分にはなりません．ところが，もし流束 $E$ を，対応する行列の固有値が常に正の部分 $E^+$ と常に負の部分 $E^-$ に分解することができたとすれば，$E^+$ に対しては後退差分，$E^-$ に対しては前進差分を用いることにより上流差分法を構成することができます．

　いま，状態方程式が，式 (2.23) のように

$$p = \rho f\left(\varepsilon\right) \tag{2.26}$$

---

[*2] $\varepsilon = e/\rho - u^2/2$ は単位質量あたりの内部エネルギーを表します．

の形をしているとします. このときオイラー方程式の流束 $\boldsymbol{E}$ (または $\boldsymbol{F}$, $\boldsymbol{G}$) が $\boldsymbol{q}$ に関して 1 次の**同次関数**[*3]になっていることは容易に確かめることができます. そこで同次関数に関する**オイラーの定理**を適用すると, $A = \partial \boldsymbol{E}/\partial \boldsymbol{q}$ として

$$\boldsymbol{E} = A\boldsymbol{q} \tag{2.27}$$

が成り立ちます. 以下の議論では, 式 (2.27) を仮定します. 式 (2.27) および式 (2.20) から,

$$\boldsymbol{E} = A\boldsymbol{q} = T^{-1}\,[\lambda]\,T\boldsymbol{q}$$

となります. ここで, $[\lambda]$ を正の部分 $[\lambda]^+$ と負の部分 $[\lambda]^-$ に分解します. それにはたとえば

$$[\lambda]^+ = \left[\frac{\lambda}{2}\right] + \left[\left|\frac{\lambda}{2}\right|\right], \quad [\lambda]^- = \left[\frac{\lambda}{2}\right] - \left[\left|\frac{\lambda}{2}\right|\right] \tag{2.28}$$

とします. このとき行列 $A$ は正の固有値をもつ部分 $A^+$ と負の固有値をもつ部分 $A^-$ とに

$$A = T^{-1}\,[\lambda]\,T = T^{-1}\,[\lambda]^+\,T + T^{-1}\,[\lambda]^-\,T = A^+ + A^-$$

のように分解できます. そこで $\boldsymbol{E}^+$, $\boldsymbol{E}^-$ を

$$\boldsymbol{E}^+ = A^+\boldsymbol{q}, \quad \boldsymbol{E}^- = A^-\boldsymbol{q} \tag{2.29}$$

で定義すれば, $\boldsymbol{E}$ は正の固有値をもつ部分 $\boldsymbol{E}^+$ と負の固有値をもつ部分 $\boldsymbol{E}^-$ とに分解されたことになります. この手続きのことを**流束分離**といいます. 具体的に $\boldsymbol{E}^+$, $\boldsymbol{E}^-$ を式 (2.28) をもとにして構成すると[*4]次式のようになります.

---

[*3] $F(ax) = a^n F(x)$ が成り立つとき, $F$ は $x$ の $n$ 次同次関数といいます.

[*4] 式 (2.28) の分け方は, ひととおりではありません. たとえば, $\lambda_1{}^+ = (u + |u|)/2$, $\lambda_1{}^- = (u - |u|)/2$, $\lambda_2{}^+ = \lambda_1{}^+ + c$, $\lambda_2{}^- = \lambda_1{}^-$, $\lambda_3{}^+ = \lambda_1{}^+$, $\lambda_3{}^- = \lambda_1{}^- - c$ などともとれます.

$$E^+ = \frac{\rho}{2\gamma} \begin{bmatrix} 2\gamma u + c - u \\ 2(\gamma-1)u^2 + (u+c)^2 \\ (\gamma-1)u^3 + \dfrac{(u+c)^3}{2} + \dfrac{(3-\gamma)(u+c)c^2}{2(\gamma-1)} \end{bmatrix} \tag{2.30}$$

$$E^- = \frac{\rho}{2\gamma} \begin{bmatrix} u - c \\ (u-c)^2 \\ \dfrac{(u-c)^3}{2} + \dfrac{(3-\gamma)(u-c)c^2}{2(\gamma-1)} \end{bmatrix}$$

ひとたび流束分離できれば，前述のとおり上流差分法が適用できます．すなわち式 (2.18) を

$$\frac{\partial q}{\partial t} + \frac{\partial E^+}{\partial x} + \frac{\partial E^-}{\partial x} = 0$$

と書いたうえで，左辺第 2 項を後退差分法で，左辺第 3 項を前進差分法で近似します．最も簡単な方法はオイラー陽解法にこの手続きを行って

$$q_j^{n+1} = q_j^n - \frac{\Delta t}{\Delta x}\left(\nabla_x E_j^n + \Delta_x E_j^{n-}\right) \tag{2.31}$$

とします．ただし $\nabla_x$, $\Delta_x$ はそれぞれ 1 次精度の後退および前進差分オペレータです．ここで説明した計算方法は**流束ベクトル分離法**とよばれています．

2 次元の場合の流束ベクトル分離法について簡単にふれておきます．基礎となるのは線形化されたオイラーの方程式

$$\frac{\partial q}{\partial t} + A\frac{\partial q}{\partial x} + B\frac{\partial q}{\partial y} = 0$$

です．ここで $A$, $B$ はヤコビアン行列

$$A = \frac{\partial E}{\partial q}, \quad B = \frac{\partial F}{\partial q}$$

です．1 次元の場合と同様，式 (2.26) が成り立つと仮定すれば，$E$, $F$ は $q$ に関して 1 次の同次関数となり

$$E = Aq, \quad F = Bq \tag{2.32}$$

が成り立ちます．このとき行列 $A$, $B$ は相似変換 $Q_A$, $Q_B$ により対角化できて

$$Q_A^{-1} A Q_A = \begin{bmatrix} u & 0 & 0 & 0 \\ 0 & u & 0 & 0 \\ 0 & 0 & u+c & 0 \\ 0 & 0 & 0 & u-c \end{bmatrix} = [\lambda_A]$$

$$Q_B^{-1} B Q_A = \begin{bmatrix} v & 0 & 0 & 0 \\ 0 & v & 0 & 0 \\ 0 & 0 & v+c & 0 \\ 0 & 0 & 0 & v-c \end{bmatrix} = [\lambda_B] \tag{2.33}$$

となります. そこで, たとえば式 (2.28) を用いて $[\lambda_A]$, $[\lambda_B]$ を

$$[\lambda_A] = \left[\frac{\lambda_A}{2}\right]^+ + \left[\frac{\lambda_A}{2}\right]^-, \quad [\lambda_B] = \left[\frac{\lambda_B}{2}\right]^+ + \left[\frac{\lambda_B}{2}\right]^- \tag{2.34}$$

のように, 正の対角要素だけをもつ行列と負の対角要素だけをもつ行列に分解します. このとき, $A(B)$ は正および負のみの固有値をもつ行列 $[A]^+$, $[A]^- \left([B]^+, [B]^-\right)$ に分解することができます. すなわち, 1 次元の場合と同様

$$Q_A^{-1} [\lambda_A]^+ Q_A = [A]^+, \quad Q_A^{-1} [\lambda_A]^- Q_A = [A]^-$$
$$Q_B^{-1} [\lambda_B]^+ Q_B = [B]^+, \quad Q_B^{-1} [\lambda_B]^- Q_B = [B]^-$$

ととります. したがって

$$\boldsymbol{E}^+ = A^+ \boldsymbol{q}, \quad \boldsymbol{E}^- = A^- \boldsymbol{q}, \quad \boldsymbol{F}^+ = B^+ \boldsymbol{q}, \quad \boldsymbol{F}^- = B^- \boldsymbol{q} \tag{2.35}$$

とおくことにより, $\boldsymbol{E}$, $\boldsymbol{F}$ は対応する行列が正および負のみの固有値をもつベクトルに分解することができます. $\boldsymbol{E}^+$, $\boldsymbol{F}^+$ を具体的に式 (2.34) をもとにして構成すると

$E^+=$

$$\frac{\rho}{2\gamma}\begin{bmatrix} 2\gamma u \\ 2(\gamma-1)u^2+(u+c)^2+(u-c)^2 \\ 2(\gamma-1)uv+(u+c)v+(u-c)v \\ (\gamma-1)u(u^2+v^2)+\frac{1}{2}(u+c)\left\{(u+c)^2+v^2\right\}+\frac{1}{2}(u-c)\left\{(u-c)^2+v^2\right\}+W_E \end{bmatrix}$$

$F^+=$

$$\frac{\rho}{2\gamma}\begin{bmatrix} 2\gamma v \\ 2(\gamma-1)uv+(v+c)u+(v-c)u \\ 2(\gamma-1)v^2+(v+c)^2+(v-c)^2 \\ (\gamma-1)v(u^2+v^2)+\frac{1}{2}(v+c)\left\{u^2+(v+c)^2\right\}+\frac{1}{2}(v-c)\left\{u^2+(v-c)^2\right\}+W_F \end{bmatrix}$$

$$(2.36)$$

ただし

$$W_E = \frac{(3-\gamma)\,uc^2}{\gamma-1}, \quad W_F = \frac{(3-\gamma)\,vc^2}{\gamma-1}$$

となります．なお $E^-$ および $F^-$ は

$$E^- = E - E^+, \quad F^- = F - F^+$$

から計算できます．

2次元オイラー方程式に対する差分近似は，オイラー方程式が

$$\frac{\partial q}{\partial t} + \frac{\partial E^+}{\partial x} + \frac{\partial E^-}{\partial x} + \frac{\partial F^+}{\partial y} + \frac{\partial F^-}{\partial y} = 0 \qquad (2.37)$$

と書けるので $E^+$，$F^+$ の項は後進差分，$E^-$，$F^-$ の項は前進差分を用いて近似します．

## 2.4　陰解法

オイラー方程式

$$\frac{\partial q}{\partial t} + \frac{\partial E}{\partial x} + \frac{\partial F}{\partial y} = 0$$

の時間積分に対して，時間ステップ $n$，$n+1$ での値を用いる陰解法を適用すると，$\theta$ を 0 と 1 の間の定数として

$$\frac{\boldsymbol{q}^{n+1} - \boldsymbol{q}^n}{\Delta t}$$

$$+ \theta \left\{ \left( \frac{\partial \boldsymbol{E}}{\partial x} \right)^n + \left( \frac{\partial \boldsymbol{F}}{\partial x} \right)^n \right\} + (1 - \theta) \left\{ \left( \frac{\partial \boldsymbol{E}}{\partial x} \right)^{n+1} + \left( \frac{\partial \boldsymbol{F}}{\partial x} \right)^{n+1} \right\}$$

$$+ O\left( \Delta t \right) = 0 \tag{2.38}$$

となります．この式の左辺第 3 項は，$\boldsymbol{q}^{n+1}$ に関する非線形の項を含むため，空間方向に差分化する場合，このままでは，反復法を用いて解く必要があります．ところで，反復法は必ずしも収束するとは限らず，また，たとえ収束したとしても収束の仕方が非常に遅いこともあります．このような場合には陰解法を用いる意味がなくなるため，陰解法を用いる場合にはなるべく連立方程式の効率のよい直接解法が適用できる形をしていることが望まれます．そのためには，式 (2.38) 左辺第 3 項を線形化する必要があります．そこで仮に，何らかの形で線形化ができたとします．次に問題になるのは，線形化された方程式が $\boldsymbol{q}^{n+1}$ に関して，$x$，$y$ 両方向の微分を含むことです．たとえば，この微係数に対してふつうの二次精度中心差分を用いた場合，解くべき連立方程式を行列表示すると対角線とそれに平行な 4 つの線上に非ゼロ要素をもつ行列となり容易には解けません．この点を回避するためには，「流体シミュレーションの応用 I」の 1.1 節 (3) で説明した ADI 法を用いるか，それと類似の以下に説明する**近似因数分解法**を用います．

　本節では数多くある陰解法の中で，最もよく使われ，また種々の方法の基礎になっている **Beam-Warming 法**について説明しますが，この方法は上述の線形化および近似因数分解を巧みに組み合わせた方法になっています．Beam-Warming 法は少し変形すれば，一般座標で書かれた 3 次元ナビエ・ストークス方程式に適用可能ですが，本節では 2 次元オイラー方程式を例にとってこの方法を説明します．

　式 (2.38) において $\theta = 1/2$ にとると，

$$\boldsymbol{q}^{n+1} = \boldsymbol{q}^n - \frac{\Delta t}{2} \left\{ \left( \frac{\partial \boldsymbol{E}}{\partial x} + \frac{\partial \boldsymbol{F}}{\partial y} \right)^n + \left( \frac{\partial \boldsymbol{E}}{\partial x} + \frac{\partial \boldsymbol{F}}{\partial y} \right)^{n+1} \right\} + O\left( \Delta t^3 \right) \tag{2.39}$$

となります（**台形公式**）．次に式 (2.39) を線形化するため，$\boldsymbol{E}$，$\boldsymbol{F}$ を $\boldsymbol{q}$ に関して局所的にテイラー展開すると，

$$\boldsymbol{E}^{n+1} = \boldsymbol{E}^n + [A]^n \left(\boldsymbol{q}^{n+1} - \boldsymbol{q}^n\right) + O\left(\Delta t^3\right)$$
$$\boldsymbol{F}^{n+1} = \boldsymbol{F}^n + [B]^n \left(\boldsymbol{q}^{n+1} - \boldsymbol{q}^n\right) + O\left(\Delta t^3\right) \tag{2.40}$$

となります．ただし，$[A]$, $[B]$ は**ヤコビアン行列**

$$[A] = \frac{\partial \boldsymbol{E}}{\partial \boldsymbol{q}}, \quad [B] = \frac{\partial \boldsymbol{F}}{\partial \boldsymbol{q}} \tag{2.41}$$

であり，具体的には

$$[A] = -\begin{bmatrix} 0 & -1 & 0 & 0 \\ (3-\gamma)u^2/2 + (1-\gamma)v^2/2 & (\gamma-3)u & (\gamma-1)v & 1-\gamma \\ uv & -v & -u & 0 \\ \gamma eu/\rho + (1-\gamma)u\left(u^2+v^2\right) & -\gamma e/\rho + (\gamma-1)\left(3u^2+v^2\right)/2 & (\gamma-1)uv & -\gamma u \end{bmatrix}$$

$$[B] = -\begin{bmatrix} 0 & 0 & -1 & 0 \\ uv & -v & -u & 0 \\ (3-\gamma)v^2/2 + (1-\gamma)u^2/2 & (\gamma-1)u & (\gamma-3)v & 1-\gamma \\ \gamma ev/\rho + (1-\gamma)v\left(u^2+v^2\right) & (\gamma-1)uv & -\gamma e/\rho + (\gamma-1)\left(3v^2+u^2\right)/2 & -\gamma v \end{bmatrix} \tag{2.42}$$

です．式 (2.40) を (2.39) に代入すると

$$\left\{[I] + \frac{\Delta t}{2}\left(\frac{\partial}{\partial x}[A]^n + \frac{\partial}{\partial y}[B]^n\right)\right\} \boldsymbol{q}^{n+1}$$
$$= \left\{[I] + \frac{\Delta t}{2}\left(\frac{\partial}{\partial x}[A]^n + \frac{\partial}{\partial y}[B]^n\right)\right\} \boldsymbol{q}^n - \Delta t \left\{\left(\frac{\partial \boldsymbol{E}}{\partial x}\right)^n + \left(\frac{\partial \boldsymbol{F}}{\partial y}\right)^n\right\}$$
$$+ O\left(\Delta t^3\right) \tag{2.43}$$

となります．ただし $[I]$ は単位行列を表します．この式は，未知の $\boldsymbol{q}^{n+1}$ に対して線形の方程式になっています．いま

$$\Delta \boldsymbol{q}^n = \boldsymbol{q}^{n+1} - \boldsymbol{q}^n \tag{2.44}$$

で定義される $\Delta \boldsymbol{q}^n$ を導入すると，式 (2.43) は

$$\left\{ [I] + \frac{\Delta t}{2}\left( \frac{\partial}{\partial x}[A]^n + \frac{\partial}{\partial y}[B]^n \right) \right\} \Delta \boldsymbol{q}^n$$
$$= -\Delta t \left\{ \left( \frac{\partial \boldsymbol{E}}{\partial x} \right)^n + \left( \frac{\partial \boldsymbol{F}}{\partial y} \right)^n \right\} + O\left( \Delta t^3 \right) \quad (2.45)$$

と書けます．したがって式 (2.43) を解く代わりに，(2.45) を解いて $\Delta \boldsymbol{q}^n$ を求め，そのあとで式 (2.44) から $\boldsymbol{q}^{n+1}$ を計算することができます．そこで，以後は式 (2.45) を解くことにします．ところで，式 (2.45) の左辺の $x$ と $y$ の微分を中心差分で近似すると，ブロック三重対角にはならない行列を反転する必要があり計算は容易ではありません．そこで，式 (2.45) の左辺を次のように近似的に因数分解してみます．

$$((2.45) \text{ の左辺}) = \left( [I] + \frac{\Delta t}{2}\frac{\partial}{\partial x}[A]^n \right)\left( [I] + \frac{\Delta t}{2}\frac{\partial}{\partial y}[B]^n \right)\Delta \boldsymbol{q}^n + O\left( \Delta t^3 \right)$$
$$(2.46)$$

ここて式 (2.46) の誤差が $O\left( \Delta t^3 \right)$ になっているのは，$\Delta \boldsymbol{q}^n$ が $O\left( \Delta t \right)$ の大きさであるためです．もともと近似式 (2.45) が $O\left( \Delta t^3 \right)$ の誤差をもっていたことを考えると，式 (2.46) の $O\left( \Delta t^3 \right)$ の項は，無視することができます．したがって，式 (2.45) を計算することは，次の 2 段階の計算を行うことと精度的には同じになります．

$$\left( [I] + \frac{\Delta t}{2}\frac{\partial}{\partial x}[A]^n \right)\Delta \boldsymbol{q}' = -\Delta t \left\{ \left( \frac{\partial \boldsymbol{E}}{\partial x} \right)^n + \left( \frac{\partial \boldsymbol{F}}{\partial y} \right)^n \right\}$$
$$\left( [I] + \frac{\Delta t}{2}\frac{\partial}{\partial y}[B]^n \right)\Delta \boldsymbol{q}^n = \Delta \boldsymbol{q}' \qquad (2.47)$$

式 (2.47) は $x$, $y$ 微分を二次精度中心差分で近似した場合，式 (2.45) と異なり各行ごとにその行の格子数程度のブロック三重対角行列を 2 回反転することになります．ところで，ブロック三重対角行列の反転には有効なアルゴリズムがあるため，この方法は非常に効率のよい方法となっています．式 (2.47) と (2.44) を用いて基礎方程式を解く方法は Beam-Warming 法とよばれています．

3 次元のオイラー方程式

$$\frac{\partial \boldsymbol{q}}{\partial t} + \frac{\partial \boldsymbol{E}}{\partial x} + \frac{\partial \boldsymbol{F}}{\partial y} + \frac{\partial \boldsymbol{G}}{\partial z} = 0 \tag{2.48}$$

に対して Beam-Warming 法を拡張すると

$$\left([I] + \frac{\Delta t}{2}\frac{\partial}{\partial x}[A]^n\right)\Delta \boldsymbol{q}' = -\Delta t\left\{\left(\frac{\partial \boldsymbol{E}}{\partial x}\right)^n + \left(\frac{\partial \boldsymbol{F}}{\partial y}\right)^n + \left(\frac{\partial \boldsymbol{G}}{\partial z}\right)^n\right\}$$

$$\left([I] + \frac{\Delta t}{2}\frac{\partial}{\partial y}[B]^n\right)\Delta \boldsymbol{q}'' = \Delta \boldsymbol{q}'$$

$$\left([I] + \frac{\Delta t}{2}\frac{\partial}{\partial z}[C]^n\right)\Delta \boldsymbol{q}^n = \Delta \boldsymbol{q}'' \tag{2.49}$$

となります．ただし，$[C] = \partial \boldsymbol{G}/\partial \boldsymbol{q}$ です．すなわち各行ごとにブロック三重対角行列を 3 回反転することになります．

　次に，実用上重要な一般座標系における 2 次元オイラー方程式に対して Beam-Warming 法を拡張してみます．このとき方程式自体はそれほど複雑にならないため，行列 $[A]$, $[B]$ の形が変化するだけで Beam-Warming 法はそのまま適用できます．すなわち，実用上使用される形で記すと

$$\left([I] + \frac{\Delta t}{2}\frac{\partial}{\partial \xi}[A]^n - J'\alpha\frac{\Delta t}{2}\nabla_\xi\Delta_\xi J'\right)\Delta \boldsymbol{q}'$$

$$= -\Delta t\left\{\left(\frac{\partial E}{\partial \xi}\right)^n + \left(\frac{\partial F}{\partial \eta}\right)^n\right\} - J'\alpha\frac{\Delta t}{2}\left\{(\nabla_\xi\Delta_\xi)^2 + (\nabla_\eta\Delta_\eta)^2\right\}J'\boldsymbol{q}^n$$

$$\left([I] + \frac{\Delta t}{2}\frac{\partial}{\partial \eta}[B]^n - J'\alpha\frac{\Delta t}{2}\nabla_\eta\Delta_\eta J'\right)\Delta \boldsymbol{q}^n = \Delta \boldsymbol{q}' \tag{2.50}$$

となります[*5]．式 (2.50) における $A$ および $B$ は次式より計算します．

---

[*5] $\nabla_\xi\Delta_\xi$ $(\nabla_\eta\Delta_\eta)$ は，$\xi(\eta)$ に関する後進，前進オペレータ，$\alpha$ は $O(1)$ の定数，$J'$ は前述のとおり変換のヤコビアンの逆数です．これらの項は計算法の安定化のために加えた 2 次および 4 次の**人工粘性項**であり，一般座標にしたために入った項ではありません．したがって，実際に計算を行う場合，計算法の安定化のため，式 (2.47) に対しても対応する項を付け加えます．Beam-Warming 法は，陰解法であるため線形方程式に対しては無条件安定となるはずですが，オイラー方程式やナビエ・ストークス方程式では線形化や近似因数分解のための誤差の影響で無条件安定とはなりません．なるべく時間間隔 $\Delta t$ を大きくして計算できるようにするために，このような人工粘性項を加えます．

$$
\begin{bmatrix}
0 & k_1 \\
-u\left(k_1 u + k_2 v\right) + k_1 a & -\left(\gamma - 2\right) k_1 u + k_1 u + k_2 v \\
-v\left(k_1 u + k_2 v\right) + k_2 a & k_1 v - \left(\gamma - 1\right) k_2 u \\
\left(k_1 u + k_2 v\right)\left(2a - re/\rho\right) & \left(re/\rho - a\right) k_1 - \left(\gamma - 1\right)\left(k_1 u + k_2 v\right) u \\
\end{bmatrix}
$$

$$
\begin{bmatrix}
k_2 & 0 \\
-\left(\gamma - 1\right) k_1 v + k_2 u & \left(\gamma - 1\right) k_1 \\
-\left(\gamma - 2\right) k_2 v + k_1 u + k_2 v & \left(\gamma - 1\right) k_2 \\
\left(re/\rho - a\right) k_2 - \left(\gamma - 1\right)\left(k_1 u + k_2 v\right) v & \gamma\left(k_1 u + k_2 v\right) \\
\end{bmatrix}
\tag{2.51}
$$

ただし，$\alpha = 0.5(\gamma - 1)(u^2 + v^2)$ であり，$A$ については $k_1 = \xi_x$, $k_2 = \xi_y$ とおき，$B$ については $k_1 = \eta_x$, $k_2 = \eta_y$ とおいて計算します.

## 2.5 疑似圧縮性法

　圧縮性ナビエ・ストークス方程式は，すべての未知変数について時間発展形になっています. そのため効率の良し悪しは別として，スキームが安定であるならば初期条件を与えて時間発展的に順次解が求まる形をしています. したがって，非圧縮性の場合のように，各時間ステップで連続の式をチェックする必要はありません. そこで，逆に非圧縮性ナビエ・ストークス方程式にも疑似的な圧縮性を導入して，圧縮性ナビエ・ストークス方程式と類似の形にして解く方法があります. この種の方法は**疑似圧縮性法**とよばれています.

　いま，疑似的な連続の方程式および状態方程式

$$
\frac{\partial \rho}{\partial t} + \nabla \cdot \boldsymbol{v} = 0 \tag{2.52}
$$

$$
p = \frac{\rho}{\delta} \tag{2.53}
$$

を考えます. このとき $\delta$ は疑似的な圧縮率を表します. 疑似圧縮性法の基礎方程式は，式 (2.53) を式 (2.52) に代入して $\rho$ を消去した式 (2.54)，およびナビエ・ストークス方程式 (2.55)

$$
\frac{\partial p}{\partial t} + c^2 \nabla \cdot \boldsymbol{v} = 0 \tag{2.54}
$$

$$
\frac{\partial \boldsymbol{v}}{\partial t} + \left(\boldsymbol{v} \cdot \nabla\right) \boldsymbol{v} = -\nabla p + \frac{1}{\mathrm{Re}} \nabla^2 \boldsymbol{v} \tag{2.55}
$$

です．ここで，$c = \sqrt{1/\delta}$ であり疑似的な音速を表します．式 (2.54), (2.55) は $p$, $\boldsymbol{v}$ に対し初期条件，境界条件を与えれば時間発展的に解が求まる形をしています．なお，式 (2.52) は実際の物理現象に対応していないので，$t$ は時間を表すわけではありません．すなわち，式 (2.54), (2.55) は定常に達して $\partial p/\partial t$，$\partial \boldsymbol{v}/\partial t$ が 0 になった場合にのみ物理的に正しい解を表します．いいかえれば，疑似圧縮性法は一般的には定常解を求める方法になっています．なお，時間間隔 $\Delta t$ の間で疑似圧縮性法を用いることにより，$\Delta t$ 刻みに時間的に正確な方法も構成でき，非定常問題にも適用できますが，あまり効率がよいとはいえません．式 (2.54), (2.55) には種々の圧縮性流体の差分解法が応用できますが，ここでは，2 次元デカルト座標系に対して式 (2.54), (2.55) を解くスキームの一例を示します：

$$
\begin{aligned}
u_{i,j}^{n+1} - u_{i,j}^{n-1} = &-\frac{\Delta t}{\Delta x}\left\{\left(u_{i+1,j}^n\right)^2 - \left(u_{i-1,j}^n\right)^2\right\} \\
&-\frac{\Delta t}{\Delta y}\left(u_{i,j+1}^n v_{i,j+1}^n - u_{i,j-1}^n v_{i,j-1}^n\right) \\
&+\frac{2}{\mathrm{Re}}\frac{\Delta t}{(\Delta x)^2}\left(u_{i+1,j}^n + u_{i-1,j}^n - u_{i,j}^{n+1} - u_{i,j}^{n-1}\right) \\
&+\frac{2}{\mathrm{Re}}\frac{\Delta t}{(\Delta y)^2}\left(u_{i,j+1}^n + u_{i,j-1}^n - u_{i,j}^{n+1} - u_{i,j}^{n-1}\right) \\
&-\frac{\Delta t}{\Delta x}\left(p_{i+1,j}^n - p_{i-1,j}^n\right)
\end{aligned} \tag{2.56}
$$

$$
\begin{aligned}
v_{i,j}^{n+1} - v_{i,j}^{n} = &-\frac{\Delta t}{\Delta x}\left(u_{i+1,j}^n v_{i+1,j}^n - u_{i-1,j}^n v_{i-1,j}^n\right) \\
&-\frac{\Delta t}{\Delta y}\left\{\left(v_{i,j+1}^n\right)^2 - \left(v_{i,j-1}^n\right)^2\right\} \\
&+\frac{2}{\mathrm{Re}}\frac{\Delta t}{(\Delta x)^2}\left(v_{i+1,j}^n + v_{i-1,j}^n - v_{i,j}^{n+1} - v_{i,j}^{n-1}\right) \\
&+\frac{2}{\mathrm{Re}}\frac{\Delta t}{(\Delta y)^2}\left(v_{i,j+1}^n + v_{i,j-1}^n - v_{i,j}^{n+1} - v_{i,j}^{n-1}\right) \\
&-\frac{\Delta t}{\Delta y}\left(p_{i,j+1}^n - p_{i,j-1}^n\right)
\end{aligned} \tag{2.57}
$$

$$p_{i,j}^{n+1} - p_{i,j}^{n-1} = -\frac{c^2 \Delta t}{\Delta x}\left(u_{i+1,j}^n - u_{i-1,j}^n\right) - \frac{c^2 \Delta t}{\Delta y}\left(v_{i,j+1}^n - v_{i,j-1}^n\right)$$

$$(2.58)$$

これは時間微分，および空間の一階微分項に対しては中心差分で近似（**Leap-frog 法**）し，空間の二階微分項は **Dufort-Frankel 法**

$$\frac{\partial^2 u}{\partial x^2} = \frac{1}{(\Delta x)^2}\left(u_{i+1,j}^n + u_{i-1,j}^n - u_{i,j}^{n+1} - u_{i,j}^{n-1}\right) \qquad (2.59)$$

で近似したスキームです．なお，この場合は保存形式で書かれた非圧縮性ナビエ・ストークス方程式を用いています．

# 河川の流れ

　河川の流れは，もちろん非圧縮性流体として取り扱える水の流れです．しかし，水面の高さは時々刻々変化します．この高さは水面が大気圧になるという条件のもとで非圧縮性ナビエ・ストークス方程式を解くことにより決定できます．一方，川を深さ方向に積分した方程式を基礎方程式に用いる場合には，水面の高さを未知関数として取り扱います．この方程式は2次元の圧縮性ナビエ・ストークス方程式と似た形をしています．実際，圧縮性の流れでは流速により超音速流や亜音速流とよばれますが，超音速から亜音速に変化する場合には衝撃波が生じます．これに対応して河川の流れでも流速の速い射流から遅い常流に変化する場合は跳水という現象が生じます．本章ではこういった状況を踏まえて，河川の流れの特徴について議論したあと，前章で述べた圧縮性流れに対する数値解法が使えることについても言及します．

## 3.1　河川の流れの基礎方程式

　河川は流れ方向がもっとも長く，次に川幅方向で，深さ方向は通常もっとも短いという幾何形状をもっています．もちろん，河川の流れを精密に解析するためには3次元のナビエ・ストークス方程式やレイノルズ方程式を基礎方程式に用いればよいのですが，計算時間や記憶容量の点で問題があります．また，取り扱う問題によっては3次元的な情報が必ずしも必要でないことも多くあります．そこで，幾何形状のこのような特徴から，流れの何に着目するかにより支配方程式の簡略化がなされています．

　はじめに，深さ方向の流速分布はあまり重要でなく平均量でおきかえられるものの，川幅が変化したり，河道が曲がっていたりして，平面的な速度分布が重要な場合を考えてみます．河川の流れの特徴として，水が大気に接している部分が自由表面になっていることがあります．そのため，たとえば流速が速い

場所では水面がくぼみ，流速が遅い場所では盛り上がるなど，水面形状は平面ではありません．そこで，**水深**（底面から水面までの高さ）も場所と時間の関数であり，流れと同時に決める必要があります．

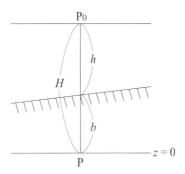

図 3.1　水深と水面

このようなことを考慮して，ナビエ・ストークス方程式[*1]

$$\frac{\partial \rho}{\partial t} + \frac{\partial \rho u}{\partial x} + \frac{\partial \rho v}{\partial y} + \frac{\partial \rho w}{\partial z} = 0 \tag{3.1}$$

$$\frac{\partial \rho u}{\partial t} + \frac{\partial \rho u^2}{\partial x} + \frac{\partial \rho uv}{\partial y} + \frac{\partial \rho uw}{\partial z} = -\frac{\partial p}{\partial x} + \mu \left( \frac{\partial^2 u}{\partial x^2} + \frac{\partial^2 u}{\partial y^2} + \frac{\partial^2 u}{\partial z^2} \right) + \rho F_x \tag{3.2}$$

$$\frac{\partial \rho v}{\partial t} + \frac{\partial \rho uv}{\partial x} + \frac{\partial \rho v^2}{\partial y} + \frac{\partial \rho vw}{\partial z} = -\frac{\partial p}{\partial y} + \mu \left( \frac{\partial^2 v}{\partial x^2} + \frac{\partial^2 v}{\partial y^2} + \frac{\partial^2 v}{\partial z^2} \right) + \rho F_y \tag{3.3}$$

$$\frac{\partial \rho w}{\partial t} + \frac{\partial \rho uw}{\partial x} + \frac{\partial \rho vw}{\partial y} + \frac{\partial \rho w^2}{\partial z} = -\frac{\partial p}{\partial z} + \mu \left( \frac{\partial^2 w}{\partial x^2} + \frac{\partial^2 w}{\partial y^2} + \frac{\partial^2 w}{\partial z^2} \right) + \rho F_z \tag{3.4}$$

---

[*1] たとえば式 (3.2) の左辺は

$$\frac{\partial (\rho u)}{\partial t} + \frac{\partial (\rho u^2)}{\partial x} + \frac{\partial (\rho uv)}{\partial y} + \frac{\partial (\rho uw)}{\partial z}$$

$$= \rho \left( \frac{\partial u}{\partial t} + u\frac{\partial u}{\partial x} + v\frac{\partial u}{\partial y} + w\frac{\partial u}{\partial z} \right) + u \left( \frac{\partial \rho}{\partial t} + \frac{\partial(\rho u)}{\partial x} + \frac{\partial (\rho v)}{\partial y} + \frac{\partial (\rho w)}{\partial z} \right)$$

となりますが，右辺の 2 番目のカッコ内は連続の式から 0 になるため通常のナビエ・ストークス方程式の左辺になります．式 (3.3), (3.4) も同様で，左辺のように書いた場合を保存形といいます．

を底面から水面まで積分してみます．図 3.1 に示すように底面を $z = b$，水深
を $h$ とすると，水面は $b+h$ で表されます．はじめに連続の式 (3.1) を $[b, b+h]$
で積分します．ここで $h$ は水深です．ただし，$z$ 方向に平均化することになる
ため $z$ に関する微分項や $w$ はなくなることに注意します．このとき

$$\frac{\partial}{\partial t}\int_b^{b+h}\rho dz + \frac{\partial}{\partial x}\int_b^{b+h}\rho u dz + \frac{\partial}{\partial y}\int_b^{b+h}\rho v dz = 0 \tag{3.5}$$

となります．流速成分の $z$ 方向の平均値を

$$U = \frac{1}{h}\int_b^{b+h}u dz, \quad V = \frac{1}{h}\int_b^{b+h}v dz \tag{3.6}$$

で定義すると，式 (3.5) は

$$\frac{\partial h}{\partial t} + \frac{\partial Uh}{\partial x} + \frac{\partial Vh}{\partial y} = 0 \tag{3.7}$$

となります．ただし，$\rho$ は定数と仮定しているため，方程式には現れません．

　次に運動方程式について考えてみます．いま，$z$ 方向の運動がないとすると
圧力は**静水圧**

$$p = \rho g H + p_0 \tag{3.8}$$

で近似されます．ここで $p_0$ は大気圧で一定値，$H = b+h$ は基準面からの水面
までの高さです．水が静止している場合には図 3.1 に示すように固体部分（斜
線部分）を水でおきかえても同じになります．このとき点 P での圧力（水深方
向に平均したもの）が式 (3.8) で与えられます．このことは $z$ 方向の運動方程
式 (3.4) からも導けます．すなわち，$z$ 方向の運動方程式は，$w = 0$ とすれば

$$0 = -\frac{\partial p}{\partial z} - \rho g$$

となります．この式を基準面 ($z = 0$) から水面 ($H = b+h$) まで積分すると式
(3.8) が得られます．

　$x$ 方向と $y$ 方向の運動方程式 (3.2)，(3.3) において $w = 0$ とした上で，底面
($= b$) から水面 ($= b+h$) まで積分して，圧力として式 (3.8) を用いる[*2] と

---

[*2] 圧力すなわち $H$ は式 (3.13)，(3.14) を見てもわかるように微分の形で方程式に現われま
す．そのため，図 3.1 において基準面をどこにとっても $H$ には定数の差しかないため式
(3.13)，(3.14) は変化しません．

$$\frac{\partial}{\partial t}\rho \int_b^{b+h} u\,dz + \frac{\partial}{\partial x}\rho \int_b^{b+h} u^2\,dz + \frac{\partial}{\partial y}\rho \int_b^{b+h} uv\,dz$$

$$= -\frac{\partial}{\partial x}\int_b^{b+h} gH\,dz + \mu\left(\frac{\partial^2}{\partial x^2}\int_b^{b+h} u\,dz + \frac{\partial^2}{\partial y^2}\int_b^{b+h} u\,dz\right)$$

$$+ \rho\int_b^{b+h} F_x\,dz \tag{3.9}$$

となります. ここで, もし $u$ が $z$ 方向に一定であると仮定すれば

$$U = \frac{1}{h}\int_b^{b+h} u\,dz = \frac{u}{h}\int_b^{b+h} dz = u$$

であるため

$$\frac{1}{h}\int_b^{b+h} u^2\,dz = \frac{U^2}{h}\int_b^{b+h} dz = U^2 \tag{3.10}$$

となります. さらに $v$ も $z$ 方向に一定であれば

$$\frac{1}{h}\int_b^{b+h} uv\,dz = \frac{UV}{h}\int_b^{b+h} dz = UV \tag{3.11}$$

$$\frac{1}{h}\int_b^{b+h} v^2\,dz = \frac{V^2}{h}\int_b^{b+h} dz = V^2 \tag{3.12}$$

が成り立ちます. したがって, 式 (3.9)の $\rho$ は一定としているため

$$\frac{\partial(Uh)}{\partial t} + \frac{\partial(U^2 h)}{\partial x} + \frac{\partial(UVh)}{\partial y} = -gh\frac{\partial H}{\partial x} + \nu\left(\frac{\partial^2(Uh)}{\partial x^2} + \frac{\partial^2(Uh)}{\partial y^2}\right) + \overline{F_x} \tag{3.13}$$

となります. ただし, $\nu = \mu/\rho$ であり, $\overline{F_x}$ は平均して $x$ 方向に働く単位質量当たりの外力です. 同様に考えると, $y$ 方向の平均化された運動方程式は

$$\frac{\partial(Vh)}{\partial t} + \frac{\partial(UVh)}{\partial x} + \frac{\partial(V^2 h)}{\partial y} = -gh\frac{\partial H}{\partial y} + \nu\left(\frac{\partial^2(Vh)}{\partial x^2} + \frac{\partial^2(Vh)}{\partial y^2}\right) + \overline{F_y} \tag{3.14}$$

となります. これらの方程式は圧縮性流れの場合のように次の形にまとめられます.

$$\frac{\partial \boldsymbol{q}}{\partial t} + \frac{\partial \boldsymbol{E}}{\partial x} + \frac{\partial \boldsymbol{F}}{\partial \boldsymbol{y}} = \boldsymbol{C} \tag{3.15}$$

ただし

$$\boldsymbol{q} = \begin{bmatrix} h \\ Uh \\ Vh \end{bmatrix}$$

$$\boldsymbol{E} = \begin{bmatrix} Uh \\ \beta_1 U^2 h + \dfrac{1}{2}gh^2 \\ \beta_2 UVh \end{bmatrix}$$

$$\boldsymbol{F} = \begin{bmatrix} Vh \\ \beta_2 UVh \\ \beta_3 V^2 h + \dfrac{1}{2}gh^2 \end{bmatrix}$$

$$\boldsymbol{C} = \begin{bmatrix} 0 \\ gh(-S_{0x} - S_{fx}) + \nu\nabla^2 Uh \\ gh(-S_{0y} - S_{fy}) + \nu\nabla^2 Vh \end{bmatrix}$$

$$\left( \nabla^2 = \frac{\partial^2}{\partial x^2} + \frac{\partial^2}{\partial y^2} \right) \tag{3.16}$$

であり，$H = h + b$ を用いました．ここで，$\beta_1 \sim \beta_3$ は補正係数であり，$u$, $v$ が必ずしも水深方向に一定でない場合に式 (3.10), (3.11), (3.12) が成り立たないために現れます．ただし，多くの場合 1 とします．また

$$S_{0x} = \frac{\partial b}{\partial x}, \quad S_{0y} = \frac{\partial b}{\partial y} \tag{3.17}$$

で，**河床勾配**を表します．さらに，外力としては底面による摩擦だけを考え，$ghS_{fx}$, $ghS_{fy}$ と記しています．この摩擦に関しては，ふつう**マニングの流速公式**から得られる

$$S_{fx} = \frac{n^2 U \sqrt{U^2 + V^2}}{h^{4/3}}, \quad S_{fy} = \frac{n^2 V \sqrt{U^2 + V^2}}{h^{4/3}} \tag{3.18}$$

を用います．ただし，$n$ は**マニング粗度係数**です．

　次に河川の主流方向の流速変化や水面高さの変化だけが問題であって，流れ方向に比べて短い川幅方向や水深方向の変化は問題にしない場合を考えます．そして主流方向を $x$ 方向と定めて，連続の式と運動量方程式を水深方向と川幅方向の両方向に積分して平均化します．この場合，物理量 $f(x, y, z, t)$ の平

均は

$$\overline{f(x,t)} = \frac{1}{A} \int_S f dy dz \tag{3.19}$$

により定義されます. ここで, $A$ は河川の断面積で一般に時間 $t$ と場所 $x$ の関数です. 2 次元と同様の手続きを踏むことにより, 連続の式は

$$\frac{\partial A}{\partial t} + \frac{\partial AU}{\partial x} = 0 \tag{3.20}$$

となります. 川幅方向および水深方向の流れはないとしているため, それらの方向の速度成分は現れません. すなわち, 運動方程式は $x$ 方向だけが残ります. 圧力に対しては 2 次元の場合と同様に静水圧で近似されると仮定して $p = p_0 + \rho g H$ とおき, $x$ 方向の運動方程式に代入します. 以上のことを考慮して平均化すると, $x$ 方向の運動方程式は

$$\frac{\partial UA}{\partial t} + \beta \frac{\partial U^2 A}{\partial x} = -gA\frac{\partial H}{\partial x} + \overline{F_x} \tag{3.21}$$

となります. ただし, 粘性項は無視しています. ここで, $\beta$ は 2 次元の場合と同様に断面内で流速が一様でない場合の補正係数で, 一様とみなしてよい場合には 1 にします. また $\overline{F_x}$ は $x$ 方向の平均の外力であり, ここでは底面および側面からの摩擦を考えます. その場合, ふつうマニングの流速公式から

$$\overline{F_x} = -\frac{gn^2 Q^2}{AR^{4/3}} \tag{3.22}$$

とします. ただし, $n$ はマニングの粗度係数, $Q$ は流量, $R$ は流水断面積を水が接している長さで割った値です (たとえば, 幅が $L$, 深さが $h$ であれば, $R = Lh/(L + 2h)$ です).

式 (3.20), (3.21) は流量 $Q = UA$ を用いれば

$$\frac{\partial A}{\partial t} + \frac{\partial Q}{\partial x} = 0 \tag{3.23}$$

$$\frac{\partial Q}{\partial t} + \beta \frac{\partial}{\partial x}\left(\frac{Q^2}{A}\right) = -gA\frac{\partial b}{\partial x} - gA\frac{\partial h}{\partial x} - gAi_e \tag{3.24}$$

となります. ただし

$$i_e = \frac{n^2 Q^2}{A^2 R^{4/3}} \tag{3.25}$$

とおいています. $i_e$ は**エネルギー勾配**とよばれています.

　流れが時間的に変化しない場合は**定常流**とよばれます. 定常流では, $\partial/\partial t = 0$ なので式 (3.23) は $Q = $ 一定を意味します. さらにこの条件を式 (3.24) の左辺に適用すると

$$左辺 = \frac{\partial Q}{\partial t} + \beta \frac{\partial}{\partial x}(QU) = \beta Q \frac{\partial U}{\partial x} = \beta A \frac{\partial}{\partial x}\left(\frac{U^2}{2}\right)$$

となります. この関係をもとに, 式 (3.24) の両辺を $gA$ で割れば

$$\beta \frac{\partial}{\partial x}\left(\frac{U^2}{2g}\right) + \frac{\partial b}{\partial x} + \frac{\partial h}{\partial x} + i_e = 0 \tag{3.26}$$

となり, $\beta$ を定数とみなしてよいときは $\beta = \alpha$ と書くことにして

$$\frac{\partial}{\partial x}\left\{\frac{\alpha}{2g}\left(\frac{Q}{A}\right)^2\right\} + \frac{\partial b}{\partial x} + \frac{\partial h}{\partial x} + i_e = 0 \tag{3.27}$$

という式が得られます.

## 3.2　1 次元流の特性 – 常流と射流

　1 次元流を数値的に求める前に, 河川の流れの特性を 1 次元の基礎方程式をもとに議論しておきます. **定常流**を仮定します. ここで定常とは前述のとおり時間的に変化しないという意味で, 式の上では時間に関する微分項が消えることを意味しています. 断面積が空間的に変化する 1 次元の定常流は特に**不等流**とよばれています. 一方, 1 次元流で流れの時間変化を考える場合は**不定流**といいます. 前節の終わりの部分で述べましたが定常流 (不等流) では連続の式 (3.20) は, 流量 $Q$ が一定値をとること, すなわち

$$Q = UA = C(\text{一定値}) \tag{3.28}$$

を意味し, $x$ 方向の運動方程式は定常流の場合,

$$\beta \frac{\partial}{\partial x}\left\{\frac{1}{2g}\left(\frac{Q}{A}\right)^2\right\} + \frac{\partial b}{\partial x} + \frac{\partial h}{\partial x} + i_e = 0 \tag{3.29}$$

と変形できます. ただし, $i_e$ は式 (3.25) で与えたものです.

$Q$ が一定であること, および断面積 $A$ が場所 $x$ と深さ $h$ の関数であることを考慮して, 式 (3.29) の左辺第 1 項の微分を実行すれば,

$$\frac{\beta Q^2}{2g}\frac{\partial}{\partial x}\left(\frac{1}{A^2}\right) = -\frac{\beta Q^2}{gA^3}\frac{\partial A}{\partial x} = -\frac{\beta Q^2}{gA^3}\frac{\partial A}{\partial h}\frac{\partial h}{\partial x}$$

となるため, これを式 (3.29) に代入した上で $\partial h/\partial x$ について解けば

$$\frac{\partial h}{\partial x} = \frac{-\partial b/\partial x - i_e}{1 - (\beta Q^2/gA^3)(\partial A/\partial h)} \tag{3.30}$$

が得られます. 式 (3.30) において分母が 0 になるところで $\partial h/\partial x$ は無限大 (水面が鉛直) になります. このときの流れを**限界流**といいます. またそのときの断面を**支配断面**, 水深を**限界水深**といいます.

以下, 議論を簡単にするため水路の断面は縦と横が $B$ と $h$ の長方形であるとします. このとき, $A = Bh$ で, $\partial A/\partial h = B$ となります. そこで, $\beta = 1$ とすれば,

$$U = \sqrt{gh} \tag{3.31}$$

のとき限界流になります.

この右辺の値は**浅水波**[*3](水面上で波長に比べて水深が十分に浅い場合に発生する波) の伝播速度に等しくなります. 波は流れに乗って伝わるため, 流速を $U$ とすれば, 上流側には $U - \sqrt{gh}$ の速さで伝わり, 下流側には $U + \sqrt{gh}$ の速さで伝わります. したがって, 流速が限界流より遅ければ, 水面に発生した波は上流および下流の両方に伝わりますが, 限界流より速ければ下流にのみ伝わり, 上流側には伝わらないことがわかります.

流速が $\sqrt{gh}$ より遅い流れを**常流**, $\sqrt{gh}$ より速い流れを**射流**といいます. 流速を $\sqrt{gh}$ で割ったものをフルード数 $Fr$ といいますが, $Fr$ を用いて

$$Fr < 1(常流), \quad Fr = 1(限界流), \quad Fr > 1(射流) \tag{3.32}$$

と分類できます.

---

*3 浅水波については付録 B 参照.

　流速は河床の勾配に大きく影響を受け，勾配が大きいほど速くなります．したがって，勾配の大きい河川では常流だけでなく射流になっている区間も多く，一般に常流と射流が混在しています．

　図 3.2 に示すように，河床の勾配が上流から下流にいくにつれて大きくなるとします．そして，上流側では常流，下流側では射流が実現されているとします．この場合，水面の形は図に示すように滑らかに変化します．逆に，図 3.3 に示すように，河床勾配が上流から下流にいくにつれて小さくなり，上流側では射流，下流側では常流になっているとします．このとき水面形状は，図に示すように射流から常流に変化する支配断面において不連続になり跳びが生じます．この跳びのことを**跳水**とよんでいます[*4]．

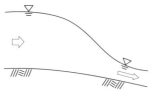

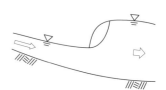

図 3.2　常流から斜流　　　　　　図 3.3　斜流から常流

## 3.3　不等流の計算法

　不等流計算の基礎方程式は，式 (3.27) すなわち

$$\frac{d}{dx}\left(\frac{\alpha Q^2}{2gA^2} + h + b\right) = -i_e \tag{3.33}$$

です．ただし，$Q$ は定数です．この式の微分をふつうの 2 点差分で置き換えれば

$$\frac{1}{x_D - x_U}\left[\left(\frac{\alpha_D Q^2}{2gA_D^2} + h_D + b_D\right) - \left(\frac{\alpha_U Q^2}{2gA_U^2} + h_U + b_U\right)\right]$$
$$= -\frac{1}{2}[(i_e)_D + (i_e)_U] \tag{3.34}$$

---

[*4] 圧縮性流れとのアナロジーでは浅水波の速さは音速，フルード数はマッハ数，常流は亜音速流，射流は超音速流，跳水は衝撃波になります．

となります. ここで, 添字 $D$ は下流側, $U$ は上流側の格子点での値を意味します. また式 (3.33) の右辺は格子の中点で評価すべきなので平均値を用いています. 式 (3.34) で添字 $D$ をもつものを左辺に, 添字 $U$ をもつものを右辺に集めれば

$$\frac{\alpha_D Q^2}{2g A_D^2} + h_D + b_D + \frac{(i_e)_D \Delta x}{2} = \frac{\alpha_U Q^2}{2g A_U^2} + h_U + b_U - \frac{(i_e)_U \Delta x}{2} \quad (3.35)$$

となります. ただし, $\Delta x = x_D - x_U > 0$ とおいています.

流れが射流の場合には, 式 (3.35) は, 右辺 (上流側) を既知として, 左辺を計算する式になっています. このとき, 式 (3.35) の未知数は $h_D$ および $A_D$ になりますが, $A_D$ は $h_D$ の与えられた関数であるため, 結局式 (3.35) は $h_D$ を求める単独の非線形の方程式になっています. この方程式はたとえば次に述べるニュートン法など反復法を用いて解くことができます. 値が既知の境界からこの手順を繰り返すことにより, 上流側から下流側に向かって計算がすすめられます. 射流の場合には下流から上流に情報が伝わらないのでこのような取り扱いが必要になります.

■**ニュートン法** ニュートン法は非線形の方程式

$$f(x) = 0$$

を数値的に解く方法で, 幾何学的には曲線 $y = f(x)$ と $x$ 軸の交点 (根) を曲線の接線を利用して求めます. すなわち, 図 3.4 において, $x_n$ を $n$ 番目の近似値としたとき, $x_n$ に対応する曲線上の点において接線を引き, $x$ 軸との交点を $n + 1$ 番目の近似値とします. 式でこのことを表現すれば

$$x_{n+1} = x_n - \frac{f(x_n)}{f'(x_n)} \quad (3.36)$$

となります.

一方, 流れが常流の場合で, 下流側の境界条件が与えられた場合には, 式 (3.35) を, 左辺 (下流側) を既知として右辺を求める式として使います. この場合も, ニュートン法などを用いて未知の $h_U$ を求めます. 値が既知の下流境界からはじめて, 上流側に計算をすすめることで解が順に求まることになります.

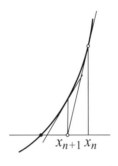

図 3.4　ニュートン法

　常流と射流では計算を進める方向が異なるため，急流河川などそれらが混在していると考えられる場合には特別な取り扱いが必要になります．すなわち，流れが常流から射流，または射流から常流に変化する場所（支配断面）を見つけ，常流区間では下流から上流に向かって計算を進め，射流区間では上流から下流に計算を進める必要があります．このような取り扱いを行った場合，どのように計算を進めるかによって**水位線**がひとつに定まらず，多数の水位線が得られることもあります．もちろん現実の水位はひとつなので，その中でもっとも正しいと思われるものを選ぶ必要があります．さらに，自然の河川では支配断面の数や位置は，流量や河床形状の変化によって異なるという問題もあります．いずれにせよ，定常流の範囲で常流と射流が混在する流れを取り扱う場合にはかなり煩雑な手続きが必要になります．

　こういった煩雑さを回避するひとつの方法として，たとえ定常流を求める場合でも，非定常流（不定流）の方程式を時間発展的に，定常とみなせるまで解くという考え方があります．後述のように非定常流に対しては，常流や射流を区別せずに解ける方法があるためです．

## 3.4　不定流の計算法

　流れが時間的に変化する不定流では，連続の式と運動方程式を連立させて解きます．このとき，移流方程式に近い方程式を解くことになります．不定流に対して運動方程式の非線形項に注目して，基礎方程式を次の形にしておきます．

$$\frac{\partial \boldsymbol{q}}{\partial t} + \frac{\partial \boldsymbol{E}}{\partial x} = \boldsymbol{R} \tag{3.37}$$

ただし,

$$\boldsymbol{q} = \begin{bmatrix} A \\ Q \end{bmatrix}, \quad \boldsymbol{E} = \begin{bmatrix} Q \\ Q^2/A \end{bmatrix}, \quad \boldsymbol{R} = \begin{bmatrix} 0 \\ -gA\left(\partial H/\partial x + i_e\right) \end{bmatrix} \tag{3.38}$$

であり, $H = b + h$ は水位を表します.

この方程式に 2 章で述べた MacCormack 法を適用することにします. すなわち, 式 (3.37) を

$$\overline{\boldsymbol{q}_j} = \boldsymbol{q}_j^n - \frac{\Delta t}{\Delta x}(\boldsymbol{E}_{j+1}^n - \boldsymbol{E}_j^n) + \Delta t R_j^n \tag{3.39}$$

$$\boldsymbol{q}_j^{n+1} = \frac{1}{2}\left\{ \boldsymbol{q}_j^n + \overline{\boldsymbol{q}_j} - \frac{\Delta t}{\Delta x}\left( \overline{\boldsymbol{E}}_j^n - \overline{\boldsymbol{E}}_{j-1}^n \right) + \Delta t \overline{\boldsymbol{R}}_j^n \right\} \tag{3.40}$$

で近似します. ここで, $\boldsymbol{E}_j^n$ は式 (3.38) の各成分を格子点 $j$ で評価した値です. また, $\overline{\boldsymbol{E}}_j^n$, $\overline{\boldsymbol{R}}_j^n$ は式 (3.38) の $\boldsymbol{E}$, $\boldsymbol{R}$ において, $Q$ と $A$ のかわりに式 (3.39) で計算された $\overline{Q}$ と $\overline{A}$ を代入したものです.

MacCormack 法は, そのままの形では**数値粘性**を含んでいないので, 時間進行にともなって振動が発生し, それが増幅します. これは MacCormack 法に限らず有限幅の格子を用いた近似解法では不可避であり, 振動を抑えるためには差分スキームに何らかの形で粘性を入れる必要があります. ここでは最も簡単に圧縮性流体の解析でよく用いられる

$$\boldsymbol{Q}_j = k(\boldsymbol{q}_{j+1} - 2\boldsymbol{q}_j + \boldsymbol{q}_{j-1}) \tag{3.41}$$

という形の数値粘性を加えることにします. このとき, 式 (3.39), (3.40) は

$$\overline{\boldsymbol{q}_j} = \boldsymbol{q}_j^n - \frac{\Delta t}{\Delta x}\left\{ \left( \boldsymbol{E}_{j+1}^n - \boldsymbol{E}_j^n \right) - \left( \boldsymbol{Q}_{j+1}^n - \boldsymbol{Q}_j^n \right) \right\} + \Delta t \boldsymbol{R}_j^n \tag{3.42}$$

$$\boldsymbol{q}_j^{n+1} = \frac{1}{2}\left( \boldsymbol{q}_j^n + \overline{\boldsymbol{q}_j} - \frac{\Delta t}{\Delta x}\left\{ (\overline{\boldsymbol{E}}_j^n - \overline{\boldsymbol{E}}_{j-1}^n) - (\overline{\boldsymbol{Q}}_j^n - \overline{\boldsymbol{Q}}_{j-1}^n) \right\} \right) + \frac{1}{2}\Delta t \overline{\boldsymbol{R}}_j^n \tag{3.43}$$

と修正されます. ここで, 式 (3.41) の $k$ は試行によって経験的に得られる係数であり, 多くの場合, 定数にしますが, 場所の関数にすることもあります. なお, $k$ が大きいほど拡散は大きくなります.

**■境界条件**　未知数は流速と水深ですが，流量と水深としても同じになります．このとき，正確な値がわかれば流量と水深の両方を与えて方程式を解くことができますが，実際は多くの場合，不正確です．その場合には，たとえば流量を与えると水深は計算を繰り返すうちに適当な値に落ち着きます．流速を与える場合も同じです．具体的には上流端と下流端の境界条件は以下のように与えます．

（上流端）流れが常流の場合には上流端で流量を与えます．流速については最も簡単な外挿を行って内部の値から予測します．すなわち，境界での流速はひとつ内側の格子点の流速と等しくとります．一方，流れが射流の場合には上流端で流速を与え，流量はひとつ内側の格子点の値と等しくとります．

（下流端）下流端の条件は上流端の条件と逆にします．すなわち，流れが常流の場合には下流端では流速を与え，流量はひとつ内側の格子点での値と等しくとります．射流の場合は下流端では流量を与え，流速はひとつ内側の格子点での値と等しくとります．

## 3.5　2 次元流の計算法

解析的な計算では方程式が 1 次元から 2 次元になると取り扱いが格段に難しくなります．一方，数値計算では，次元が増えても取り扱い方はほとんど変化しません．ただし，次元とともに計算量は急増します．

本節でははじめに直角座標系での 2 次元流れを考えます．2 次元の基礎方程式は 1 次元の場合より複雑であり，未知数も増えます．しかし，上述のとおり数値計算法自体は大きな変更は受けません．基礎方程式はすでに 3.1 節で与えましたが，数値計算用に書き直したものをもう一度ここに記すと次のようになります．ただし $\boldsymbol{Q}_x$，$\boldsymbol{Q}_y$ は人工粘性です

$$\frac{\partial \boldsymbol{q}}{\partial t} + \frac{\partial (\boldsymbol{E} - \boldsymbol{Q}_x)}{\partial x} + \frac{\partial (\boldsymbol{F} - \boldsymbol{Q}_y)}{\partial y} = \boldsymbol{R} \tag{3.44}$$

$$\boldsymbol{q} = \left[ \begin{array}{c} h \\ Uh \\ Vh \end{array} \right]$$

$$\boldsymbol{E} = \left[ \begin{array}{c} Uh \\ U^2h + \frac{1}{2}gh^2 \\ UVh \end{array} \right]$$

$$\boldsymbol{F} = \left[ \begin{array}{c} Vh \\ UVh \\ V^2h + \frac{1}{2}gh^2 \end{array} \right]$$

$$\boldsymbol{R} = \left[ \begin{array}{c} 0 \\ gh(-\partial b/\partial x - S_x) + D_x \\ gh(-\partial b/\partial y - S_y) + D_y \end{array} \right] \tag{3.45}$$

ここで, $S_x$ と $S_y$ は $x$ と $y$ 方向の摩擦力でマニングの公式から

$$S_x = \frac{n^2 U \sqrt{U^2 + V^2}}{h^{4/3}}, \quad S_y = \frac{n^2 V \sqrt{U^2 + V^2}}{h^{4/3}} \tag{3.46}$$

とします. また $D_x$, $D_y$ は粘性項で

$$D_x = \frac{\partial}{\partial x}\left( \frac{\varepsilon \partial (Uh)}{\partial x} \right) + \frac{\partial}{\partial y}\left( \frac{\varepsilon \partial (Uh)}{\partial y} \right)$$

$$D_y = \frac{\partial}{\partial x}\left( \frac{\varepsilon \partial (Vh)}{\partial x} \right) + \frac{\partial}{\partial y}\left( \frac{\varepsilon \partial (Vh)}{\partial y} \right) \tag{3.47}$$

です. なお, $\varepsilon$ は乱流粘性係数であり, 一般に場所の関数となるため, この式のように微分記号の中に入れる必要があります. さらに, 乱流粘性があまり大きくないときには計算を安定化させるために数値粘性 $\boldsymbol{Q}_x$, $\boldsymbol{Q}_y$ を加えます.

式 (3.44), (3.45) に MacCormack 法を適用すると次のようになります.

$$\overline{\boldsymbol{q}_{j,k}} = \boldsymbol{q}_{j,k}^n - \frac{\Delta t}{\Delta x}\left\{ (\boldsymbol{E}_{j+1,k}^n - \boldsymbol{E}_{j,k}^n) - ((\boldsymbol{Q}_x)_{j+1,k}^n - (\boldsymbol{Q}_x)_{j,k}^n) \right\}$$
$$- \frac{\Delta t}{\Delta y}\left\{ (\boldsymbol{F}_{j,k+1}^n - \boldsymbol{F}_{j,k}^n) - ((\boldsymbol{Q}_y)_{j,k+1}^n - (\boldsymbol{Q}_y)_{j,k}^n) \right\} + \Delta t \boldsymbol{R}_{j,k}^n \quad (3.48)$$

$$\boldsymbol{q}_{j,k}^{n+1} = \frac{1}{2}(\boldsymbol{q}_{j,k}^n + \overline{\boldsymbol{q}_{j,k}}) - \frac{\Delta t}{2\Delta x}\left\{ (\overline{\boldsymbol{E}}_{j,k}^n - \overline{\boldsymbol{E}}_{j-1,k}^n) - (\overline{(\boldsymbol{Q}_x)}_{j,k}^n - \overline{(\boldsymbol{Q}_x)}_{j-1,k}^n) \right\}$$
$$- \frac{\Delta t}{2\Delta y}\left\{ (\overline{\boldsymbol{F}}_{j,k}^n - \overline{\boldsymbol{F}}_{j,k-1}^n) - (\overline{(\boldsymbol{Q}_y)}_{j,k}^n - \overline{(\boldsymbol{Q}_y)}_{j,k-1}^n) \right\} + \frac{1}{2}\Delta t \overline{\boldsymbol{R}}_{j,k}$$
$$\tag{3.49}$$

ただし，$(\boldsymbol{Q}_x)_{j,k}^n$，$(\boldsymbol{Q}_y)_{j,k}^n$ として

$$(\boldsymbol{Q}_x)_{j,k}^n = k_x(\boldsymbol{q}_{j+1,k}^n - 2\boldsymbol{q}_{j,k}^n + \boldsymbol{q}_{j-1,k}^n)$$

$$(\boldsymbol{Q}_y)_{j,k}^n = k_x(\boldsymbol{q}_{j,k+1}^n - 2\boldsymbol{q}_{j,k}^n + \boldsymbol{q}_{j,k-1}^n) \tag{3.50}$$

とします．$k_x$, $k_y$ は経験的な係数で試行により決める必要がありますが，なるべく小さくとります．

■境界条件　境界条件は，上流端，下流端では 1 次元と同じく常流と射流に区別して課します．すなわち，流れが常流の場合には，上流端では流量（流速に換算して各格子に適当に割り振ります）を与え，下流端では水深を与えます．上流端での水深および下流端での流速は外挿します（となりの格子点での値と等しくとります）．一方，流れが射流の場合は常流と逆にします．具体的には，上流端では水深を与え，下流端では流量を与えます．上流端の流量および下流端での水深は外挿します．

　2 次元計算の場合は側面での境界条件を与える必要があります．乱流粘性を無視する場合には，すべり条件を与えます．すなわち，側面に垂直方向の速度成分を 0 とし，平行な方向の速度成分はひとつ内側の格子点の値と等しくとります．一方，乱流粘性を考える場合には粘着条件を与えます．すなわち，側面では両方向の速度成分とも 0 にします．ただし，この条件が正しく計算に反映されるためには側面近くで格子を十分に細かくとる必要があります．

■一般座標での取り扱い　現実の河川は曲がっており，直線（長方形）形状をしていません．そのような場合には座標変換をおこなって簡単な領域に方程式を写像して，この簡単な領域で方程式を解きます．

　すなわち，2 次元で領域形状が時間的に変化しない場合には

$$x = x(\xi, \eta), \quad y = y(\xi, \eta) \tag{3.51}$$

という変換を用います．このとき式 (3.44) は

$$\frac{\partial \boldsymbol{q}}{\partial t} + \frac{\partial (\boldsymbol{E} - \boldsymbol{Q}_\xi)}{\partial \xi}\frac{\partial \xi}{\partial x} + \frac{\partial (\boldsymbol{E} - \boldsymbol{Q}_\eta)}{\partial \eta}\frac{\partial \eta}{\partial x}$$
$$+ \frac{\partial (\boldsymbol{F} - \boldsymbol{Q}_\xi)}{\partial \xi}\frac{\partial \xi}{\partial y} + \frac{\partial (\boldsymbol{F} - \boldsymbol{Q}_\eta)}{\partial \eta}\frac{\partial \eta}{\partial y} = \boldsymbol{R} \tag{3.52}$$

となります．

## Chapter 4

# 河床変動および洗掘の計算法

　河川は流れるときに土砂も一緒に運びます．その土砂が川底に堆積することにより川の深さの変化，すなわち河床変動が起きます．河床変動の基礎方程式は微小領域の土砂の出入りを見積もることにより導けます．本章では河床変動の方程式の特徴について述べたあと，数値計算法も紹介します．一方，川の中に置かれた障害物に流れがぶつかると，流れの大きな変化により障害物近くの川底も影響を受けます．これを洗掘といいます．洗掘も河床変動の一種です．本章では洗掘現象に対するシミュレーション例も示すことにします．

## 4.1　河床変動の基礎方程式

　**河床変動**は流れによって運ばれる土砂のアンバランスによって生じます．土砂は主に水と川底の間の摩擦によって，川底に沿って輸送されます．はじめに議論を簡単にするため，川幅が一定かつ流れは川幅方向と垂直で，主流方向のみ土砂が輸送されるとします．このとき，図 4.1 に示すように主流方向の川底に沿って $x$ 軸をとり，川底に接する微小領域を考えます．土砂は $AB$ を通して領域内に流入し，$CD$ を通して領域から流出します．もし流入量と流出量が釣り合っていなければ河床変動が生じます．すなわち，流入量が流出量より多け

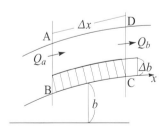

図 4.1　河床変動（1 次元的）

れば土砂がたまって河床が上がり，逆であれば河床が削られて土砂が流出するため河床が下がります．このことを式で表現すると以下のようになります．

　図 4.1 において，$b$ を河床面の (基準面からの) 高さ，$\Delta b$ を時間 $\Delta t$ 間の河床変動の大きさ（高さ）とします．そして単位時間あたりの土砂の輸送量を $Q_b$ とします．これらは場所と高さの関数になります．領域内における $\Delta t$ 間の正味の土砂の増加量は $AB$ における流入量から $CD$ における流出量を引けば得られるため

$$\Delta t Q_b(x + \Delta x/2, t) - \Delta t Q_b(x - \Delta x/2, t)$$
$$= \Delta t \left\{ Q_b(x, t) + \frac{\Delta x}{2} \frac{\partial Q_b}{\partial x} + \cdots \right\} - \Delta t \left\{ Q_b(x, t) - \frac{\Delta x}{2} \frac{\partial Q_b}{\partial x} + \cdots \right\}$$
$$\sim \Delta t \Delta x \frac{\partial Q_b}{\partial x}$$

となります．これが，この領域内における $\Delta t$ 間の土砂の質量増加

$$\rho \Delta x (b(x, t + \Delta t) - b(x, t)) \sim \rho \Delta x \Delta t \frac{\partial b}{\partial t}$$

と等しくなります．ただし $\rho$ は土砂のみかけの密度で，土砂が河床の微小な領域を空隙をもって占めているときその領域の質量を体積で割った量です．これは，土砂の物理的な平均密度 $\rho_0$ に $1 - \lambda$ を掛けたものになります．ここで $\lambda$ は**空隙率**で $0 \leq \lambda \leq 1$ の値をとり，土砂がすきまなく空間を占めているとき 0，土砂が全くないときは 1 です．以上のことから，**河床変動の方程式**として

$$\frac{\partial b}{\partial t} + \frac{1}{1 - \lambda} \frac{\partial q_b}{\partial x} = 0 \tag{4.1}$$

が得られます．ただし $Q_b = \rho_0 q_b$ とおいています．

　この方程式は $q_b$ を与えて $b$ を決める方程式です．$q_b$ は一般には

$$q_b = f(u_*, h, d, s, g, \nu) \tag{4.2}$$

という形をしています．ここで，$d$ は砂礫の粒径，$s$ は砂礫の水中での比重，$g$ は重力加速度，$\nu$ は水の動粘性係数です．また，$h$ は水深，$u_*$ は流水が川底に及ぼす摩擦力であり，ふつう

$$u_* = \nu \sqrt{\frac{\partial U}{\partial z}} \tag{4.3}$$

という式で評価されます．このように，$h$ と $u_*$ は流れを解くことにより決まる量であるため，式 (4.1) は流れの方程式と同時に解く必要があります．式 (4.2) の具体的な関数形は実験や理論的な考察から種々の式が提案されています．その中で，簡単なものとして 4.4 節でも述べますが Bagnold による

$$q_b = C \left( \frac{d}{D} \right)^{1/2} \frac{u_*^3}{g} \tag{4.4}$$

という式があります．（$D$：典型的な砂粒の直径，$C$：実験により決まる定数）

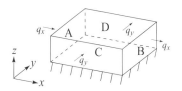

図 4.2　河床変動（2 次元的）

河床面を 2 次元的に考える必要があるときも，図 4.2 に示すように，河床面に沿って微小な直方体を考えれば同様の議論ができます．すなわち，河床面を $x-y$ 面として，$x$ 軸と $y$ 軸に平行な辺，およびそれと垂直方向の辺をもつ直方体において，側面を通過する土砂量を考えます．直方体内に土砂量の正味の増加があれば，河床面が上がり，正味の減少があれば河床面が下がります．この現象を支配する方程式は図の面 A，B に対しては $x$ 方向の土砂量 $q_x$，面 C，D に対しては $y$ 方向の土砂量 $q_y$ を考え，式 (4.1) を得たのと同様の手続きによって

$$\frac{\partial b}{\partial t} + \frac{1}{1-\lambda} \left( \frac{\partial q_x}{\partial x} + \frac{\partial q_y}{\partial y} \right) = 0 \tag{4.5}$$

が得られます．

砂礫の輸送量の式 (4.2) では摩擦速度 $u_*$ が現れ，式 (4.3) から $u_*$ は主流速度に関係します．主流速度 $U$ として，$y$ 方向も考慮に入れて

$$U = \sqrt{u^2 + v^2}$$

を用います．一方，式 (4.5) では式 (4.2) で求まった $q_b$ を $x$ 方向と $y$ 方向に割り振る必要があります．砂礫は流速方向に流されるのがふつうであるため，

$$q_x = q_b \cos\theta, \quad q_y = q_b \sin\theta$$

ととります．ただし，$\theta = \tan^{-1}(v/u)$ です．

　川幅が変化している場合も，川幅方向の分布を問題にしなければ，式 (4.5) を川幅方向に積分して平均化することにより 1 次元的な取り扱いができます．このとき，

$$\frac{\partial(1-\lambda)A_s}{\partial t} + \frac{\partial Q_s}{\partial x} = 0 \tag{4.6}$$

となります．ここで，$A_s$ は堆積層の断面積，$Q_s$ は $y$ 方向に平均化された土砂の流量（流砂量）です．川の断面が長方形の場合，川幅を $B$ とすれば $A_s = bB$ となりますが，長方形でない場合も $B$ を $B = \partial A_s/\partial b$ で定義することにより，式 (4.6) は

$$\frac{\partial b}{\partial t} + \frac{1}{(1-\lambda)B}\frac{\partial Q_s}{\partial x} = 0 \tag{4.7}$$

と変形できます．

## 4.2　河床変動の特徴

　1 次元不等流を用いて河床変動の特徴を調べてみます．流れの基礎方程式 (3.24) および河床変動の方程式 (4.7) を以下のように変形します．式 (3.24) において不等流であるため時間微分項を 0 とし，さらに $\beta = 1$, $Q = $ 一定 とした上で両辺を $gA$ で割ると

$$\frac{\partial b}{\partial x} + \frac{\partial h}{\partial x} = -\frac{Q^2}{gA}\frac{\partial}{\partial x}\left(\frac{1}{A}\right) - i_e = \frac{Q^2}{gA^3}\frac{\partial A}{\partial x} - i_e$$

$$= Fr^2\frac{h}{A}\frac{\partial A}{\partial x} - i_e = Fr^2\frac{\partial h}{\partial x} + Fr^2\frac{h}{B}\frac{\partial B}{\partial x} - i_e$$

となります（ただし $A = Bh$, $Fr^2 = U^2/gh$ を用いました）．また，川幅方向の単位長さ当りの土砂の流量を $q_b$ とすれば $Q_s = Bq_b$ となるため式 (4.7) は

$$\frac{\partial b}{\partial t} + \frac{1}{(1-\lambda)B}\left(q_b\frac{\partial B}{\partial x} + B\frac{\partial q_b}{\partial x}\right) = 0$$

となります．したがって，次式が得られます．

$$\left(1 - Fr^2\right)\frac{\partial h}{\partial x} + \frac{\partial b}{\partial x} = C \tag{4.8}$$

$$\frac{\partial b}{\partial t} + \frac{1}{1-\lambda}\frac{\partial q_b}{\partial h}\frac{\partial h}{\partial x} = D \tag{4.9}$$

ここで

$$C = Fr^2 \frac{h}{B}\frac{\partial B}{\partial x} - i_e, \quad D = -\frac{q_b}{(1-\lambda)B}\frac{\partial B}{\partial x} \tag{4.10}$$

です. また $h$ と $b$ は $x$ と $t$ の関数であるため,

$$dh = \frac{\partial h}{\partial t}dt + \frac{\partial h}{\partial x}dx \tag{4.11}$$

$$db = \frac{\partial b}{\partial t}dt + \frac{\partial b}{\partial x}dx \tag{4.12}$$

が成り立ちます. 式 (4.11) を

$$\frac{dh}{dt} = \frac{\partial h}{\partial t} + c\frac{\partial h}{\partial x} \quad \left(c = \frac{dx}{dt}\right) \tag{4.13}$$

と書きなおすと, $h$ が時間的に変化しない場所では, 式 (4.13) の左辺は 0 になります. その場合, 式 (4.13) は 1 次元波動方程式になり, $h$ は速さ $c$ で伝わることがわかります. これは $b$ についても同様です. したがって, 水深や河床の擾乱の伝播速度は $c = dx/dt$ となります.

式 (4.8), (4.9), (4.11), (4.12) の 4 式を, $\partial h/\partial t$, $\partial h/\partial x$, $\partial b/\partial t$, $\partial b/\partial x$ を求める連立 1 次方程式とみなして行列形式で表現すると

$$\begin{bmatrix} C \\ D \\ dh \\ db \end{bmatrix} = \begin{bmatrix} 0 & 1-F_r^2 & 0 & 1 \\ 0 & \dfrac{1}{1-\lambda}\dfrac{\partial q_b}{\partial h} & 1 & 0 \\ dt & dx & 0 & 0 \\ 0 & 0 & dt & dx \end{bmatrix} \begin{bmatrix} \dfrac{\partial h}{\partial t} \\ \dfrac{\partial h}{\partial x} \\ \dfrac{\partial b}{\partial t} \\ \dfrac{\partial b}{\partial x} \end{bmatrix}$$

となります. 水深や河床の擾乱の伝播方向や速度はこの連立 1 次方程式の係数行列からつくった行列式が 0 になるという条件から決められます. 具体的に行列式を計算すると

$$dt\left((1-Fr^2)dx + \frac{1}{1-\lambda}\frac{\partial q_b}{\partial h}dt\right) = 0 \tag{4.14}$$

となります. この式から

$$\frac{dx}{dt} = -\frac{\partial q_b/\partial h}{(1 - Fr^2)(1 - \lambda)} \tag{4.15}$$

が得られます. 式 (4.15) の右辺の分子は流砂量の水深に対する依存性を示しますが, 通常は水深の増加とともに流砂量が減少するため, 負の値をとります. したがって式 (4.15) は

$$\frac{dx}{dt} = \frac{1}{1 - Fr^2}\left|\frac{\partial q_b/\partial h}{1 - \lambda}\right| \tag{4.16}$$

となります. 式 (4.16) から, $Fr < 1$ のとき, すなわち常流の場合には擾乱の伝播方向は正, すなわち擾乱は下流方向に伝播します. 一方, $Fr > 1$, すなわち射流の場合にはその逆で伝播方向は負, すなわち擾乱は上流方向に伝わることがわかります.

## 4.3　河床変動の計算方法

　河床変動の基礎方程式は 1 次元の場合, 式 (4.6) で与えられます. この方程式は基本的に差分法を用いて解くことができますが, その場合には擾乱の伝播方向を考慮する必要があります. すなわち, 流れが常流の場合には擾乱は下流方向に伝播するため, ある断面 $A_s$ の変化は上流における $Q_s$ が関係します. したがって, 式 (4.6) を 1 次精度の陽解法で近似する場合には

$$\frac{A_s^{n+1} - A_s^n}{\Delta t} + \frac{1}{1 - \lambda}\frac{(Q_s)_i^n - (Q_s)_{i+1}^n}{\Delta x} = 0 \tag{4.17}$$

を用います. ただし, $i$ が増加する方向を下流方向としています. 一方, 流れが射流の場合には擾乱は常流の場合と逆に上流方向に伝播するため,

$$\frac{A_s^{n+1} - A_s^n}{\Delta t} + \frac{1}{1 - \lambda}\frac{(Q_s)_{i-1}^n - (Q_s)_i^n}{\Delta x} = 0 \tag{4.18}$$

で近似します.

　流れに常流と射流が混在する場合に上述の方法を使うならば, 支配断面を求める必要があり, かなり面倒になります. そこで全区間で陰解法

$$\frac{A_s^{n+1} - A_s^n}{\Delta t} + \frac{1}{1 - \lambda}\frac{(Q_s)_{i-1}^{n+1} - (Q_s)_{i+1}^{n+1}}{\Delta x} = 0 \tag{4.19}$$

を用いるか，または常流と射流が混在しても使える MacCormack 法を用います．なお MacCormack 法の用い方については以下に 2 次元の場合について説明します．

　河床変動を計算するには，前述のとおり流砂量や水深が流れと関係するため，流れと連立させて解く必要があります．このことを念頭において，2 次元の場合の計算法を紹介します．支配方程式は河床変動を取り扱う場合も式 (3.44)，(3.45) と同じ形，すなわち $\boldsymbol{Q}_x$，$\boldsymbol{Q}_y$ を人工粘性として

$$\frac{\partial \boldsymbol{q}}{\partial t} + \frac{\partial(\boldsymbol{E} - \boldsymbol{Q}_x)}{\partial x} + \frac{\partial(\boldsymbol{F} - \boldsymbol{Q}_y)}{\partial y} = \boldsymbol{R} \tag{4.20}$$

$$\boldsymbol{q} = \begin{bmatrix} h \\ Uh \\ Vh \\ b \end{bmatrix}$$

$$\boldsymbol{E} = \begin{bmatrix} Uh \\ Uh + \dfrac{1}{2}gh^2 \\ UVh \\ \dfrac{q_x}{1-\lambda} \end{bmatrix}$$

$$\boldsymbol{F} = \begin{bmatrix} Vh \\ UVh \\ V^2h + \dfrac{1}{2}gh^2 \\ \dfrac{q_y}{1-\lambda} \end{bmatrix}$$

$$\boldsymbol{R} = \begin{bmatrix} 0 \\ gh\left(-\dfrac{\partial b}{\partial x} - S_x\right) + D_x \\ gh\left(-\dfrac{\partial b}{\partial y} - S_y\right) + D_y \\ 0 \end{bmatrix} \tag{4.21}$$

となります．この式に MacCormack 法を適用すれば

$$\overline{\boldsymbol{q}_{j,k}} = \boldsymbol{q}_{j,k}^n - \frac{\Delta t}{\Delta x}\left\{\left(\boldsymbol{E}_{j+1,k}^n - \boldsymbol{E}_{j,k}^n\right) - \left((\boldsymbol{Q}_x)_{j+1,k}^n - (\boldsymbol{Q}_x)_{j,k}^n\right)\right\}$$
$$- \frac{\Delta t}{\Delta y}\left\{\left(\boldsymbol{F}_{j,k+1}^n - \boldsymbol{F}_{j,k}^n\right) - \left((\boldsymbol{Q}_y)_{j,k+1}^n - (\boldsymbol{Q}_y)_{j,k}^n\right)\right\} + \Delta t\boldsymbol{R}_{j,k}^n \tag{4.22}$$

$$q_{j,k}^{n+1} = \frac{1}{2}\left(q_{j,k}^n + \overline{q_{j,k}}\right) - \frac{\Delta t}{2\Delta x}\left\{\left(\overline{E}_{j,k}^n - \overline{E}_{j-1,k}^n\right) - \left(\left(\overline{Q_x}\right)_{j,k}^n - \left(\overline{Q_x}\right)_{j-1,k}^n\right)\right\}$$
$$- \frac{\Delta t}{2\Delta y}\left\{\left(\overline{F}_{j,k}^n - \overline{F}_{j,k-1}^n\right) - \left(\left(\overline{Q_y}\right)_{j,k}^n - \left(\overline{Q_y}\right)_{j,k-1}^n\right)\right\} + \frac{1}{2}\Delta t\overline{R}_{j,k}$$

$$(4.23)$$

ただし, $(Q_x)_{j,k}^n$, $(Q_y)_{j,k}^n$ として

$$(Q_x)_{j,k}^n = k_x(q_{j+1,k}^n - 2q_{j,k}^n + q_{j-1,k}^n)$$
$$(Q_y)_{j,k}^n = k_y(q_{j,k+1}^n - 2q_{j,k}^n + q_{j,k-1}^n)$$

$$(4.24)$$

を用います. なお, これは式 (3.48), (3.49), (3.50) と全く同じです.

## 4.4　洗掘問題

　はじめに話を簡単にするため砂に円柱を立てた状況を考えます. 円柱と砂が接した部分には, 砂面に発達した境界層と円柱の相互作用によって, 図 4.3 に示すように円柱をとり囲むような渦 (**馬蹄形渦**) ができることが知られています. この馬蹄形渦が, 円柱前方の砂面を掘り, 円柱後面に堆積させる結果, 円柱がバランスを崩して風上側に倒れることがあります.

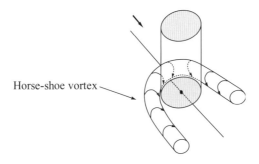

Horse-shoe vortex

図 4.3　馬蹄形渦

　この現象は土木の分野で**洗掘現象**とよばれるものと同じものです. 洗掘は川の中に建てられた橋脚に関する現象で, 橋脚の川底が上流側で掘られて, 橋脚の強度に悪影響を及ぼすという現象です. 洗掘を防ぐひとつの方法として橋脚

の形を工夫することが考えられます．以下に洗掘現象をシミュレーションにより調べることを考えます[*1].

　流れによる砂（や土砂）の移動はいろいろと複雑な要素を含んでいるため，いくつかの部分に分けて解析する必要があります．まず，砂は流れによって運ばれるため，橋脚まわりの流れ場をシミュレーションにより求める必要があります．そうすることによって，たとえば流れが直接にあたっている部分の砂の輸送量と，橋脚の陰になって流れが弱められている部分の輸送量との差が定量的に見積もれます．この場合，川底は平坦ではなく凹凸が激しいため，複雑な形状領域で流れの方程式を解かなければならないという困難が加わります．

　次に流れ場がわかれば，川底近くの流速から川底に働く摩擦力が計算できます．一方，砂の輸送量は摩擦力の関数と考えられるため，その関数をなんらかの方法（理論的な考察や実験など）で決めれば砂の輸送量が推定できます．

　最後に砂の輸送量から川底の変化が計算できます．具体的には，表面を小さな領域に分割して，各領域で砂の収支を計算します．すなわち，もし入ってくる量が出て行く量より大きければ，砂が積もって川底の高さが増し，逆に出て行く量の方が多ければ，砂が減るため川底の高さは低くなります．以上まとめると，流れによる砂の移動を計算するためには

1. 複雑な領域形状での流れ場の計算
2. 川底近くの速度から砂の輸送量の推定
3. 砂面形状の変化の計算

の3つの手順を踏めばよいことになります．ここで3.の計算を行うと1.の領域形状が変化するため，時間ステップごとに1., 2., 3.を繰り返す必要があります．

　以下に各ステップについて，もう少し詳しく考えることにします．

---

[*1] T.Kawamura, M.Kan and T.Hayashi:
　Numerical Study of the Flow and the Sand Movement around a Circular Cylinder Standing on the Sand, JSME International Journal Series B, Vol.42, No.4 pp.605-611(1999)
　M.Kan, T.Kawamura and K.Kuwahara:
　Numerical Study of the Sand Movement around a Cylindrical Body Standing on the Sand,JSME International Journal Vol.44,No.3,pp.427-43(2001)

　橋脚まわりの流れは強い 3 次元性をもった現象です．そこで，3 章で述べたような深さ方向に平均をとった方程式を用いることは困難であり，3 次元の非圧縮性ナビエ・ストークス方程式を直接解く必要があります．解法としては「流体シミュレーションの基礎」で説明した MAC 法やフラクショナルステップ法を用います．ただし，川底に働く摩擦力をなるべく正確に求めるために，境界に沿った格子で計算します．

　次に表面流速と砂の輸送の関係について考えます．流れによる砂の移動形態には (1) 浮遊，(2) **跳躍**，(3) ころがりの 3 種類あることが知られています．「浮遊」とは流体中を漂いながら下流に運ばれることで，粒径の小さな砂が該当します．「ころがり」は粒径の大きな砂に対するもので砂が表面をころがりながら輸送されます．「跳躍」とは浮遊ところがりの中間の大きさをもつ粒径の砂が運ばれる形態で，流されてきた砂粒が砂表面にぶつかり，他の砂粒を跳ね上げ，それがある距離飛んでまた別の砂粒を跳ね上げるということを繰り返します（図 4.4）．ただし，どのような形態で輸送されても，第一近似では，輸送量は表面摩擦の 3 乗に比例することが知られています．形態の差は比例定数の値の差に現れます．

　そこで，ここでは跳躍による砂の輸送について少し詳しく考えてみます．砂の跳躍現象の観察から，砂粒は図 4.5 に示すようにほぼ真上に跳ね上がったあと，流されてある距離 $L$ 離れた位置に着地します．砂の鉛直方向の跳ね上がりの速度を $w$ とすると時刻 $t$ 後の砂の速さは $w - gt$ になります．落下したときに地面ではこの速度が $-w$ になるため，砂粒の流体中の滞在時間は $t = 2w/g$ となります．一方，落下時の水平方向速度を $u$ とすると，流体中で

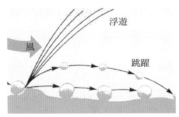

跳躍　0.2mm -- 0.3mm

図 4.4　砂の移動形態

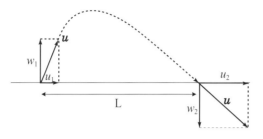

図 4.5　跳躍

の $x$ 方向の平均速度は $u/2$ であり，砂粒の飛距離を $L$ とすれば，滞在時間は $L/(u/2) = 2L/u$ となります．したがって，

$$2w/g = 2L/u \quad すなわち \quad L = uw/g \tag{4.25}$$

という関係式が得られます．

　一方，流体の運動量は砂粒に運動量を与えた分だけ減少しますが，それは流体に対する摩擦として働きます．単位面積あたりの摩擦を $\tau$ とすれば，距離 $L$ の区間で流体が受ける力は $\tau L$ となります．これに時間 $t$ をかけたもの（力積）が，その時間での $x$ 方向の運動量の変化に等しいため

$$\tau L t = q t u$$

となります．ここで，$q$ は $L$ 内にある単位時間あたりの砂の輸送量です．したがって，$q = \tau L/u$ となりますが，式 (4.25) を代入することにより，

$$q = \frac{w}{g}\tau \tag{4.26}$$

が得られます．摩擦 $\tau$ は，**摩擦速度** $u_* = \sqrt{\nu\, du/dz}$ と $\tau = \rho_0 u_*^2$ という関係にあります．さらに，$w$ と摩擦速度の間に比例関係 $w = bu_*$ を仮定すれば，式 (4.26) は

$$q = b\frac{\rho_0}{g}u_*^3 \tag{4.27}$$

となります．すなわち，$w = bu_*$ という条件のもとで，砂の輸送量は摩擦速度 $u_*$ の 3 乗に比例するという関係式が得られます．

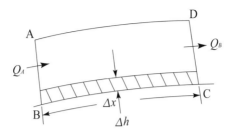

図 4.6　砂面形状の変化

　3 番目の手続きである砂面の形状変化について調べます．話を簡単にするため 2 次元領域にした上で，図 4.6 に示すように表面に沿った小さな領域を考えます．図の辺 AB をとおして単位時間に流入する砂の量を $Q_A$，辺 DC をとおして単位時間に流出する砂の量を $Q_B$ とすると，$\Delta t_s$ 後には，正味 $(Q_A - Q_B)\Delta t_s$ の流入があります．この領域に一様に砂が積もったとすれば，高さの増加量 $\Delta h$ は正味の流入量を辺 BC の長さ $\Delta x$ で割ったものになります．したがって，$\Delta t_s$ 後の砂面の高さは

$$h(t + \Delta t_s) = h(t) + \Delta h = h(t) - \Delta t_s \frac{Q_B - Q_A}{\Delta x} \tag{4.28}$$

となります．実際にはこの式を 2 次元表面に拡張した式を使い，各時間ステップ $\Delta t_s$ ごとに表面形状を変化させます．ただし，砂の表面形状の変化の時間スケールは，流れ場の変化の時間スケールに比べて大幅に大きくなります．そこで，流速場を計算するときの時間刻み $\Delta t$ に比べて $\Delta t_s$ は，たとえば 1000 倍といったように大きくとることにより計算効率を上げることができます．なお，砂面はあまり切立つことはなく，ある限度の傾斜を越えると自然に滑り落ちて限界の角度（**安息角**）になるという性質があります．安息角は砂粒の形状などによって多少変化しますが，おおよそ 30 度であることが知られています．したがって，数値シミュレーションでもこの効果を取り入れ，傾斜角が安息角を超えたときには人工的に「なだれ」を起こします．

　以上の計算方法を用いて，砂面上に立てられた円柱まわりの流れのシミュレーションを行った結果を図 4.7 に示します．レイノルズ数は 2000 にしています．

　洗掘を防ぐひとつの方法として橋脚の形を工夫することが考えられます．こ

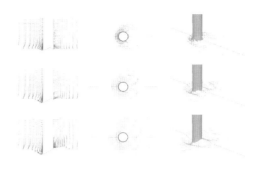

図 4.7　円柱まわりの洗掘

のことは実際に橋脚をつくらなくてもシミュレーションを行うことにより十分
に予想できます．そこで，形状を種々に変化させてシミュレーションを行った
結果を図 4.8 と図 4.9 に示しますが，裾広がりのだ円柱形状がもっとも洗掘が
少ないことがわかります．これは，川底と柱状物体が接するあたりで，裾広が
りの形状の場合には，裾に沿う流れが生じる結果，強い馬蹄形渦が生成されに
くくなったためだと解釈できます（図 4.9）．

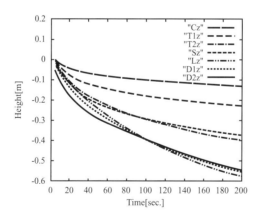

最低点の高さの時間変化（様々な柱の比較）
（円柱：$C_z$，三角柱（頂点から）：$T1_z$，三角柱（側面から）：$T2_z$，四角柱：$S_z$，
レンズ柱：$L_z$，楕円柱：$D1_z$，根元を広げた楕円柱：$D2_z$）

図 4.8　形状による洗掘の差

図 4.9　裾広がりのだ円柱による洗掘

# Appendix A

# 音波の伝播

音波の伝播[*1]は 1.1 節でも述べましたが波動方程式によって記述されます. そして, 1 次元および 3 次元ではそれぞれ次のようになります.

$$\frac{\partial^2 \rho}{\partial t^2} = c^2 \frac{\partial^2 \rho}{\partial x^2} \tag{A.1}$$

$$\frac{\partial^2 \rho}{\partial t^2} = c^2 \left( \frac{\partial^2 \rho}{\partial x^2} + \frac{\partial^2 \rho}{\partial y^2} + \frac{\partial^2 \rho}{\partial z^2} \right) \tag{A.2}$$

これらの方程式を音響問題に応用する場合には, なるべく精度の高い解法を用いる必要があります. そこで, まず 1 次元波動方程式を用いて, 空間微分の精度が計算結果に及ぼす影響を調べてみます. 具体的には, 近似として, 2 次精度, 4 次精度, 6 次精度, 8 次精度の各中心差分を用い, 格子間隔として 1 波長に 4 点, 8 点, 16 点をとった場合について正弦波の伝播のシミュレーションを行います. なお, 周波数としては 10Hz, 50Hz, 100Hz の 3 ケースを考えます.

時間および空間微分に 2 次精度中心差分を用いた場合, 式 (A.1) は次のように近似されます. ただし, 音速 $c$ は規格化して 1 にとっています.

$$\frac{\rho_j^{n+1} - 2\rho_j^n + \rho_j^{n-1}}{(\Delta t)^2} = \frac{\rho_{j+1}^n - 2\rho_j^n + \rho_{j-1}^n}{(\Delta x)^2} \tag{A.3}$$

式 (A.3) は

$$\rho_j^{n+1} = 2\rho_j^n - \rho_j^{n-1} + \left( \frac{\Delta t}{\Delta x} \right)^2 (\rho_{j+1}^n - 2\rho_j^n + \rho_{j-1}^n) \tag{A.4}$$

と書き換えられます. そこで, 初期条件として各格子点で $\rho_j^0$ および $\rho_j^1$ を与えることにより, 式 (A.4) を用いて, $\rho_j^2 \rightarrow \rho_j^3 \rightarrow \cdots$ の順に解が求まります（陽解法）.

---

[*1] 割田真弓　お茶の水女子大学大学院　数理情報科学専攻　平成 16 年度修士論文

空間微分に **4 次精度中心差分**と **6 次精度中心差分**を用いる場合には式 (A.3) の右辺を，それぞれ

$$\frac{-\rho_{j-2}^n + 16\rho_{j-1}^n - 30\rho_j^n + 16\rho_{j+1}^n - \rho_{j+2}^n}{12(\Delta x)^2} \tag{A.5}$$

$$\frac{2\rho_{j-3}^n - 27\rho_{j-2}^n + 270\rho_{j-1}^n - 490\rho_j^n + 270\rho_{j+1}^n - 27\rho_{j+2}^n + 2\rho_{j+3}^n}{180(\Delta x)^2} \tag{A.6}$$

で置き換えればよく，それらを解くには式 (A.3) から式 (A.4) を導いたように，左辺に $\rho_j^{n+1}$ だけを残すように式を変形します（陽解法）．

図 A.1 は 10Hz で 1 波長を 4 点の格子点で解像したときの計算結果を示します．横軸は位置，縦軸は振幅を表します．音速を 1 で規格化しているため，たとえば図の横軸の 2 という数字は，音の速さを 1 としたとき 2 の位置を示しています．実際には音速はおよそ 340m/s であるため，2 は 680m ということになります．なお，2 という数字は典型的な音響ホールの残響時間が 3 秒程度であることから決めた数字です．また図の exact は厳密解，4th 等の数字は空間微分の精度を表しています（以下同様）．また図 A.2 から図 A.5 は，それぞれ 10Hz で 1 波長に 8 点，10Hz で 1 波長に 16 点，50Hz で 1 波長に 8 点と 16 点，100Hz で 1 波長に 8 点と 16 点を用いた結果です．これらの図から以下のことがいえます．

図 A.1　1 波長に 4 点しかとらない場合では，8 次精度の中心差分を用いても厳密解とはよい一致が得られる．

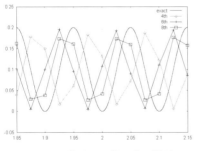
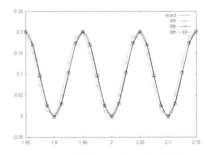

図 A.1　1 波長に 4 格子点の結果　　　　図 A.2　1 波長に 8 格子点の結果
　　　　　（10Hz）　　　　　　　　　　　　　　（10Hz）

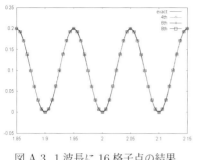

図 A.3　1 波長に 16 格子点の結果
（10Hz）

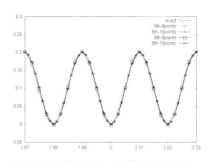

図 A.4　1 波長に 8, 16 格子点の結果
（50Hz）

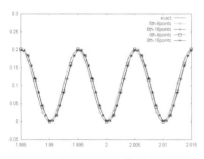

図 A.5　1 波長に 8, 16 格子点の結果
（100Hz）

表 A.1　計算スキームの精度と格子点数に
ついての総合結果

| | 4次精度 | 6次精度 | 8次精度 |
|---|---|---|---|
| 16点 | ○ | ○ | ○ |
| 8点 | × | ○ | ○ |
| 4点 | × | × | × |

図 A.2　1 波長に 8 点をとれば，6 次精度および 8 次精度中心差分で厳密解に
　　　　近い結果が得られる.

図 A.3　1 波長に 16 点とれば，4 次精度中心差分でも十分によい結果が得ら
　　　　れる.

図 A.4 と図 A.5　周波数が高いほど誤差は大きくなる.

以上の結果をまとめたものが表 A.1 です．この表から，計算に必要な格子点
数と計算時間を考慮した場合，差分法として 6 次精度中心差分，1 波長に 8 点
をとるのがよいと判断できるため，以下の 1 次元計算ではそのようにしてい
ます.

■**境界条件**　境界条件として最も簡単なものは**固定端反射**と**自由端反射**です.
これらは，境界を $x=0$ としたとき，それぞれ次式で与えられます.

$$\rho\big|_{x=0}=0 \qquad (A.7)$$

$$\frac{\partial \rho}{\partial x}\bigg|_{x=0}=0 \qquad (A.8)$$

図 A.6 に自由端反射（左図）と固定端反射（右図）の計算結果を示します. 図
の左端が $x=0$ であり，そこに波が右側から入射した場合の結果で，上図が反
射前，下図が反射後です.

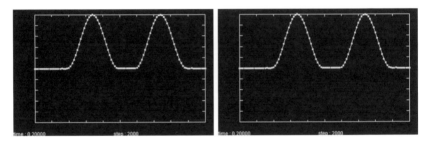

time:0.2（反射前）

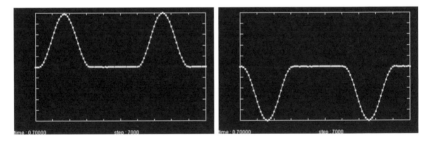

time:0.7（反射後）

図 A.6　自由端反射（左）と固定端反射（右）

　波の問題では**完全吸収条件**も重要になります. たとえば，広い領域を，限ら
れた領域でおきかえて計算する場合，波が境界で反射せずにそのまま通りすぎ
ることを実現する必要があります. そのような境界条件を厳密につくることは

困難ですが，第1近似の境界条件として

$$\left(\frac{\partial}{\partial x} - \frac{\partial}{\partial t}\right)\rho\Big|_{x=0} = 0 \tag{A.9}$$

がよく用いられます．

閉空間内（室内）の音響のシミュレーションでは，壁や天井，床などで音をどのように吸収させたり反射させたりするかが重要な問題となります．そこで，例えば

$$(完全吸収条件) \times r + (反射境界条件) \times (1 - r) \tag{A.10}$$

という条件を課すことにします．これは反射条件と完全吸収条件を $r$ という比率で組み合わせた条件で，$r = 0$ のとき反射条件，$r = 1$ のとき完全吸収条件になります．なお，以下の計算では反射条件として式 (A.8)（自由端反射），完全吸収条件として式 (A.9)（1次精度）を用います．

図 A.7 は 1 次元のテスト計算の結果であり，$r$ を変化させた場合の反射波を図示したものです．$r$ の増大とともに反射波の振幅が減少している様子が見られます．

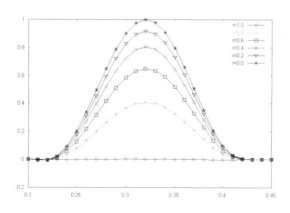

図 A.7　吸収率を変化させたときの反射波

このことを踏まえて，3 次元のコンサートホール内の波動音響シミュレーションをおこなった例を以下に示します．

　モデルにしたのは東京都千代田区にある紀尾井ホールでホールは大きさが 18.3m × 34.9m × 16.0m であり，客席は 781 席あります．図 A.8 に紀尾井ホールの CAD データを示します．実際の計算ではこの CAD データを格子データになおす必要があります．一方，このような複雑な形状では境界に沿った格子を生成することは不可能に近いため，ここでは直方体領域を直交等間隔格子に

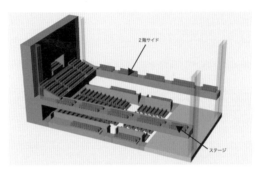

図 A.8　紀尾井ホールの CAD データ

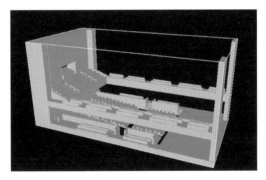

図 A.9　紀尾井ホールのマスクデータ

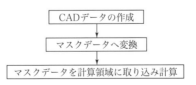

図 A.10　ホール形状再構築のための作業手順

分割して，障害物のある場所では計算を行わないという方法を用いています．すなわち，障害物の有無を表現する配列 (マスクデータ) を用意して，障害物のある部分に 0，ない部分に 1 を格納します．このとき，計算は直方体領域全体で行いますが，時間ステップごとにマスクデータを計算結果に乗ずることにより障害物を表現します．図 A.9 はマスクデータを図示したものです．なお，障害物としては客席や柱，舞台などがあり，そこでは音波の吸収率も異なります．そのため，実際の計算ではマスクデータに境界条件を指定する情報を加味しています．図 A.10 にホール形状再構築のための作業手順を，表 A.2 に本計算で用いた $r$ の値 (式 (A.10)) を示します．

表 A.2　吸収率の例

| 客席 | 吸収率高 | $r = 0.9$ |
|---|---|---|
| 柱 | 反射率高 | $r = 0.2$ |
| 床 | 吸収率高 | $r = 0.8$ |
| 舞台 | 反射率高 | $r = 0.1$ |
| 他 | 反射率高 | $r = 0.3$ |
| 天井，壁 | 反射率高 | $r = 0.1$ |

　以下に計算結果を示します．音源はステージ中央にあるものとし，1 波長分の音波を発生して，そのあと止まるとしています．計算条件は表 A.3 に示しています．なお，表にも示していますが格子点数は 1000 万点以上とっています．図 A.11 から図 A.15 までがホール側面から見た場合の，音源を含む断面での音圧分布を示しています．図 A.11 は時刻（秒）が 0.02 であり，音源から発生した直接波が見られます．ステージ後方で少し音波が反射しています．図 A.12 は時刻が 0.04 であり，直接波とステージからの反射波の両方が見られます．図 A.13 は時刻 0.06 の結果です．音源からの直接波は 1 階前列の席まで到達しています．また，それぞれの波が天井で反射しています．図 A.14 は時刻 0.08 の結果で，音源からの直接波は 2 階席後方まで，ステージ後方からの反射波は 1 階中央の席まで到達しています．また，天井からの反射波も複数発生しています．図 A.15 は時刻 0.09 の結果であり，直接波も反射波も伝播がすすんでいます．ただし，客席からの反射波が見えないので，客席では十分に波が吸収されていることがわかります．

表 A.3　計算条件

| 計算領域 | 紀尾井ホール |
|---|---|
| 格子数 | $183 \times 350 \times 161 = 10,312,050$ |
| 計算スキーム<br>　　　時間方向<br>　　　空間方向 | <br>2 次精度中心差分<br>2 次精度中心差分 |
| 初期条件 | ステージ上で 1 波長分の波を発生させた |
| 境界条件 | 現実に近い場合と同じ |
| 周波数 | 50Hz, 100Hz, 200Hz |
| $\Delta t$ | 0.0001, ステップ数：10000 回 |
| $c = 0.1$ | （音速で無次元化） |

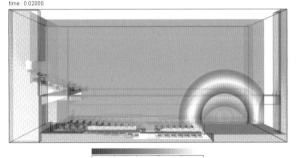

grid : 183 x 350 x 161
step : 200
time : 0.02000

図 A.11　ホール中央断面での音圧分布 $(t = 0.02)$

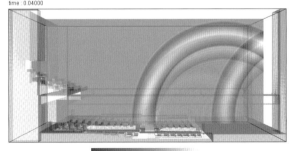

grid : 183 x 350 x 161
step : 400
time : 0.04000

図 A.12　ホール中央断面での音圧分布 $(t = 0.04)$

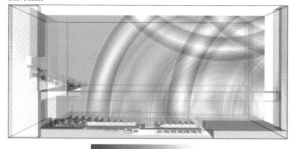

図 A.13　ホール中央断面での音圧分布 ($t = 0.06$)

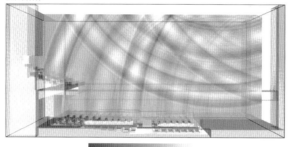

図 A.14　ホール中央断面での音圧分布 ($t = 0.08$)

図 A.15　ホール中央断面での音圧分布 ($t = 0.09$)

　図 A.16 から図 A.19 は，ホール上方から見た場合の音源を含む断面上での音圧分布を示した図です．図 A.16 は時刻 0.02 の結果で，音源から発生した 1 波長分の直接波が見え，またステージ後方で反射が始まっていることがわかります．図 A.17 は時刻 0.035 での結果で，直接波と反射波の伝播の様子がわかります．また，ホール側面からの反射波も見えます．図 A.18 は時刻 0.05 での結果です．直接波とステージ後方からの反射波，ホール側面からの反射波がそれぞれ伝播しています．その他，1 階サイド席からの反射波なども見られます．図 A.19 は時刻 0.07 の結果であり，直接波と反射波の伝播の様子がわかります．時間が経って 3 次元的に広がった結果，振幅が減衰して見づらくなってはいますが，波が様々に干渉し合っていることがわかります．

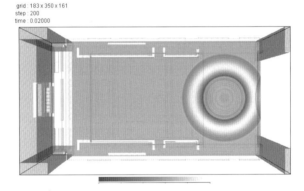

grid : 183 x 350 x 161
step : 200
time : 0.02000

図 A.16　音源を含む水平面内での音圧分布 $(t = 0.02)$

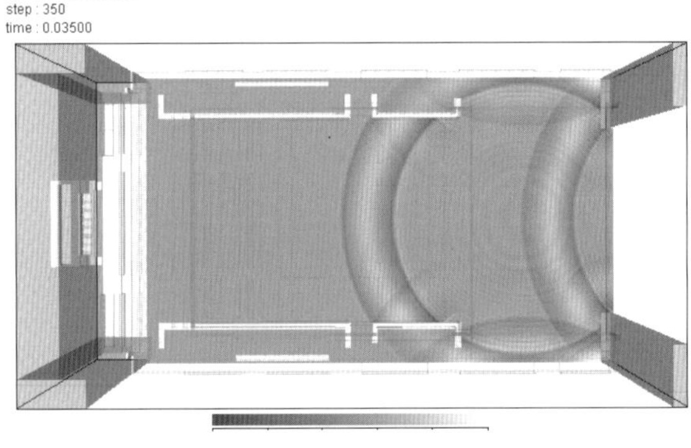

grid : 183 x 350 x 161
step : 350
time : 0.03500

図 A.17　音源を含む水平面内での音圧分布 $(t = 0.035)$

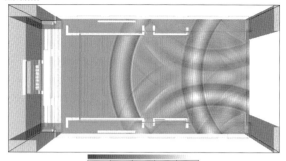

grid : 183 x 350 x 161
step : 500
time : 0.05000

図 A.18 音源を含む水平面内での音圧分布 ($t = 0.05$)

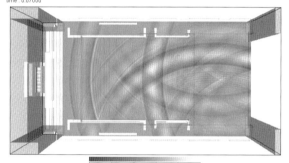

grid : 183 x 350 x 161
step : 700
time : 0.07000

図 A.19 音源を含む水平面内での音圧分布 ($t = 0.07$)

## Appendix B

# 水面の微小振幅波

　図 B.1 に示すように静止状態で深さ一定の水面を考えます．そして静止状態から微小な振幅で水面に波が起きたとします．座標系としては，静止状態の水面を $x$ 軸，鉛直方向に $y$ 軸をとり，底面は $y = -h$ にあるとします．流れは非圧縮性とみなせ，さらに静止状態（渦無し）から出発するため時間がたっても渦無しです（**ラグランジュの定理**）．したがって，速度ポテンシャル $\phi$ が存在し，

$$\nabla^2 \phi = 0 \tag{B.1}$$

を満足します[*1].

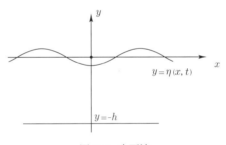

図 B.1　水面波

　次に微小振幅であるということを使って式 (B.1) の境界条件を導いてみます．まず底面では $y$ 方向に速度成分をもたないため

$$\frac{\partial \phi}{\partial y} = 0 \quad (y = -h) \tag{B.2}$$

という条件が課されます．一方，水面は（圧力が大気圧に等しいという条件のもとに）変形します．このような境界を自由表面とよんでいます．このとき，水面上にあった流体粒子は時間が経っても水面上にあります．このことを式で

---
[*1] 本付録については，本シリーズ「流体力学の基礎」参照．

表現すると，水面を表す式を $F = y - \eta(x,t) = 0$（図 B.1 参照）として，$F$ の
ラグランジュ微分が 0，すなわち

$$\frac{DF}{Dt} = \frac{\partial F}{\partial t} + u\frac{\partial F}{\partial x} + v\frac{\partial F}{\partial y} = 0 \tag{B.3}$$

となります．式 (B.3) を $\eta$ および速度ポテンシャルを用いて表現すれば

$$\frac{\partial \eta}{\partial t} + \frac{\partial \phi}{\partial x}\frac{\partial \eta}{\partial x} - \frac{\partial \phi}{\partial y} = 0 \tag{B.4}$$

となります．

　さらに水面では圧力は大気圧 $p_\infty$ に等しくなります．水中ではベルヌーイの
定理の拡張である圧力方程式

$$\frac{\partial \phi}{\partial t} + \frac{p}{\rho} + \frac{1}{2}|\nabla \phi|^2 + gy = F(t) \tag{B.5}$$

が成り立ちますが，静止状態の水面（$y = 0$）で $p = p_\infty$ であるため，$F(t) = p_\infty/\rho$ とおけます．その後，時間が経っても水面上では $p = p_\infty$ であるため式
(B.5) は水面上で

$$\frac{\partial \phi}{\partial t} + \frac{1}{2}|\nabla \phi|^2 + g\eta = 0 \tag{B.6}$$

となります．ここで，微小振幅であることから $\varepsilon$ を小さな数として

$$\frac{\partial \phi}{\partial t} = O(\varepsilon), \quad \frac{\partial \eta}{\partial x} = O(\varepsilon), \quad \nabla\phi = O(\varepsilon)$$

と仮定します．このとき式 (B.4) と式 (B.6) は

$$\frac{\partial \eta}{\partial t} - \frac{\partial \phi}{\partial y} = 0, \quad \frac{\partial \phi}{\partial t} + g\eta = 0 \quad (y = \eta) \tag{B.7}$$

となりますが，$\eta$ を消去すれば

$$\frac{\partial^2 \phi}{\partial t^2} + g\frac{\partial \phi}{\partial y} = 0 \quad (y = 0) \tag{B.8}$$

となります．ただし，境界条件を課す場所を $y = 0$ としたのは

$$\phi(\eta) = \phi(0) + \left(\frac{\partial \phi}{\partial y}\right)_{y=0}\eta + \cdots = \phi(0) + O(\varepsilon^2)$$

より，$O(\varepsilon)$ の範囲では $y = \eta$ とした場合との差はないからです.

以上のことから，水面の微小振幅波の問題は式 (B.1) を式 (B.2) および式 (B.8) の境界条件のもとで解く問題に帰着されることがわかります.

ラプラス方程式 (B.1) の解として進行波の形

$$\phi(x, y, t) = g(y)\cos(kx - \omega t) \tag{B.9}$$

を仮定してラプラス方程式に代入すると，$g$ に関する常微分方程式

$$g''(y) - k^2 g(y) = 0 \tag{B.10}$$

が得られます. これを境界条件 (B.2)，すなわち $g$ に対しては

$$g(-h) = 0 \tag{B.11}$$

という条件のもとで解いて式 (B.9) に代入すれば

$$\phi(x, y, t) = C\cosh(k(z + h))\cos(kx - \omega t) \tag{B.12}$$

となります. ここで，$C$ は任意定数です. ただし，境界条件 (B.8) を満たすためには，$k$ と $\omega$ の間には，

$$\omega = \sqrt{gk\tanh(kh)} \tag{B.13}$$

の関係が成り立つ（**分散関係**といいます）必要があります.

式 (B.13) から，波の**位相速度** $v_p$ と**群速度** $v_g$ は

$$v_p = \frac{\omega}{k} = \sqrt{\frac{g}{k}\tanh(kh)} \tag{B.14}$$

$$v_g = \frac{d\omega}{dk} = \frac{1}{2}\sqrt{\frac{g}{k}\tanh(kh)}\left(1 + \frac{2kh}{\sinh(2kh)}\right) \tag{B.15}$$

であることがわかります.

波長 $\lambda = 2\pi/k$ に比べて水深 $h$ が非常に小さいとみなせる場合，すなわち $kh \ll 1$ では

$$\tanh(kh) \sim kh, \quad \sinh(2kh) \sim 2kh$$

と近似できるため

$$v_p \sim v_g \sim \sqrt{gh} \tag{B.16}$$

となります．このような波を**浅水波**または**長波**といいます．浅水波の進む速さは波長によらず水深だけに依存します．

逆に波長に比べて水深が非常に大きい場合は，$kh \gg 1$ であり，

$$v_p \sim \sqrt{\frac{g}{k}} = \sqrt{\frac{\lambda g}{2\pi}}, \quad v_g \sim \frac{1}{2} v_p \tag{B.17}$$

となります．このような波を**重力波**または**深水波**といいます．深水波の進む速さは水深によらず波長だけに依存します．

水面の変位 $\eta$ は，式 (B.12) から

$$\eta = -\frac{1}{g} \left( \frac{\partial \phi}{\partial t} \right)_{y=0} = -\frac{\omega C}{g} \cosh(kh) \sin(kx - \omega t) \tag{B.18}$$

となります．

さらに式 (B.12) から流速 $(u, v)$ は

$$\frac{dx}{dt} = u = \frac{\partial \phi}{\partial x} = -Ck \cosh(k(y + h)) \sin(kx - \omega t)$$

$$\frac{dy}{dt} = v = \frac{\partial \phi}{\partial y} = Ck \sinh(k(y + h)) \cos(kx - \omega t) \tag{B.19}$$

となります．ここで流体内に小さな流体粒子を考え，その平均位置を $(x_0, y_0)$ とすれば，上式の右辺の $(x, y)$ を $(x_0, y_0)$ で置き換えても $O(\varepsilon)$ までの近似では差がありません．そこでこのように置き換えて上式を $t$ で積分すれば

$$x = x_0 + \frac{Ck}{\omega} \cosh(k(y_0 + h)) \cos(kx_0 - \omega t)$$

$$y = y_0 + \frac{Ck}{\omega} \sinh(k(y_0 + h)) \sin(kx_0 - \omega t) \tag{B.20}$$

となります．これは $(x_0, y_0)$ を中心として，長径 $a$ および短径 $b$ が

$$a = \frac{Ck}{\omega} \cosh(k(y_0 + h)), \quad b = \frac{Ck}{\omega} \sinh(k(y_0 + h))$$

の楕円軌道を表します．流体粒子のおよその形を図 B.2 に示しますが，底面に近づくほど楕円は偏平になることがわかります．

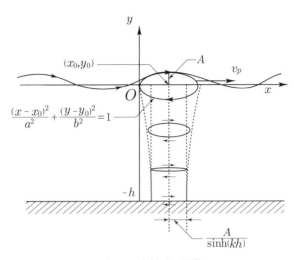

図 B.2　水粒子の運動

## Appendix C

# 弦の振動と衝撃波管問題のプログラム例

本付録では音波の伝播を表す１次元波動方程式の標準的な解法と，１次元オイラー方程式の MacCormack 法による解法を示すため，弦の振動問題と衝撃波管問題の VBA によるプログラムおよび出力結果例を示します．ここで衝撃管問題とはパイプの中に隔膜を隔てて，高圧空気と低圧空気がある状態で，隔膜を破ったときに生じる流れです．このとき，高圧側から低圧側に向かって衝撃波が，低圧側から高圧側に膨張波が伝わります．

図 C.1　１次元波動方程式（弦の微小振動）

| | A | B | C | D | E | F | G | H | I | J | K | L | M | N | O | P | Q |
|---|---|---|---|---|---|---|---|---|---|---|---|---|---|---|---|---|---|
| 1 | | 1 | 1 | 1 | 1 | 1 | 1 | 1 | 1 | 1 | 1 | 1 | 1 | 1 | 1 | 0.999997 | |
| 2 | | 1 | 1 | 1 | 1 | 1 | 1 | 1 | 1 | 1 | 1 | 1 | 1 | 1 | 1 | 0.999997 | |
| 3 | | 1 | 1 | 1 | 1 | 1 | 1 | 1 | 1 | 1 | 1 | 1 | 1 | 1 | 0.999999 | 0.999989 | |
| 4 | | 1 | 1 | 1 | 1 | 1 | 1 | 1 | 1 | 1 | 1 | 1 | 1 | 1 | 0.999998 | 0.999975 | |
| 5 | | 1 | 1 | 1 | 1 | 1 | 1 | 1 | 1 | 1 | 1 | 1 | 1 | 1 | 0.999994 | 0.999942 | |
| 6 | | 1 | 1 | 1 | 1 | 1 | 1 | 1 | 1 | 1 | 1 | 1 | 1 | 0.999999 | 0.999985 | 0.999872 | |
| 7 | | 1 | 1 | 1 | 1 | 1 | 1 | 1 | 1 | 1 | 1 | 1 | 1 | 0.999997 | 0.999965 | 0.999726 | |
| 8 | | 1 | 1 | 1 | 1 | 1 | 1 | 1 | 1 | 1 | 1 | 1 | 0.999999 | 0.999992 | 0.999918 | 0.999438 | |
| 9 | | 1 | 1 | 1 | 1 | 1 | 1 | 1 | 1 | 1 | 1 | 1 | 0.999998 | 0.999979 | 0.999818 | 0.998895 | |
| 10 | | 1 | 1 | 1 | 1 | 1 | 1 | 1 | 1 | 1 | 1 | 1 | 0.999996 | 0.99995 | 0.99961 | 0.99792 | |
| 11 | | 1 | 1 | 1 | 1 | 1 | 1 | 1 | 1 | 1 | 1 | 0.999999 | 0.999989 | 0.999883 | 0.999202 | 0.99626 | |
| 12 | | 1 | 1 | 1 | 1 | 1 | 1 | 1 | 1 | 1 | 1 | 0.999998 | 0.999971 | 0.99974 | 0.998438 | 0.993585 | |
| 13 | | 1 | 1 | 1 | 1 | 1 | 1 | 1 | 1 | 1 | 1 | 0.999994 | 0.999929 | 0.999444 | 0.997084 | 0.98951 | |
| 14 | | 1 | 1 | 1 | 1 | 1 | 1 | 1 | 1 | 1 | 0.999999 | 0.999984 | 0.999834 | 0.998864 | 0.994813 | 0.983662 | |
| 15 | | 1 | 1 | 1 | 1 | 1 | 1 | 1 | 1 | 1 | 0.999997 | 0.99996 | 0.999628 | 0.997788 | 0.991221 | 0.975725 | |
| 16 | | 1 | 1 | 1 | 1 | 1 | 1 | 1 | 1 | 1 | 0.999992 | 0.9999 | 0.999203 | 0.995907 | 0.98588 | 0.965559 | |
| 17 | | 1 | 1 | 1 | 1 | 1 | 1 | 1 | 1 | 0.999999 | 0.999978 | 0.999763 | 0.998377 | 0.992804 | 0.978387 | 0.953174 | |
| 18 | | 1 | 1 | 1 | 1 | 1 | 1 | 1 | 1 | 0.999996 | 0.999943 | 0.999465 | 0.996862 | 0.988008 | 0.968513 | 0.938816 | |
| 19 | | 1 | 1 | 1 | 1 | 1 | 1 | 1 | 1 | 0.99999 | 0.999858 | 0.998854 | 0.994244 | 0.981026 | 0.956171 | 0.922812 | |
| 20 | | 1 | 1 | 1 | 1 | 1 | 1 | 1 | 0.999999 | 0.999971 | 0.99966 | 0.997675 | 0.990023 | 0.971531 | 0.941576 | 0.90559 | |
| 21 | | 1 | 1 | 1 | 1 | 1 | 1 | 1 | 0.999995 | 0.999921 | 0.999229 | 0.995528 | 0.983618 | 0.959307 | 0.925033 | 0.88757 | |
| 22 | | 1 | 1 | 1 | 1 | 1 | 1 | 1 | 0.999986 | 0.999798 | 0.998347 | 0.991902 | 0.974595 | 0.944529 | 0.907026 | 0.869087 | |
| 23 | | 1 | 1 | 1 | 1 | 1 | 1 | 0.999998 | 0.99996 | 0.99951 | 0.996647 | 0.986133 | 0.962578 | 0.92744 | 0.888034 | 0.850468 | |
| 24 | | 1 | 1 | 1 | 1 | 1 | 1 | 0.999994 | 0.999889 | 0.998884 | 0.993621 | 0.977685 | 0.947687 | 0.908597 | 0.868447 | 0.831963 | |
| 25 | | 1 | 1 | 1 | 1 | 1 | 0.999999 | 0.999982 | 0.999711 | 0.997593 | 0.988541 | 0.965978 | 0.930052 | 0.88853 | 0.848684 | 0.813766 | |
| 26 | | 1 | 1 | 1 | 1 | 1 | 0.999998 | 0.999946 | 0.999294 | 0.995158 | 0.980773 | 0.951068 | 0.910321 | 0.867699 | 0.829042 | 0.796151 | |
| 27 | | 1 | 1 | 1 | 1 | 1 | 0.999993 | 0.999846 | 0.998365 | 0.990808 | 0.969493 | 0.932888 | 0.88906 | 0.846646 | 0.809762 | 0.779473 | |
| 28 | | 1 | 1 | 1 | 1 | 1 | 0.999977 | 0.99959 | 0.996494 | 0.983826 | 0.954687 | 0.912225 | 0.866813 | 0.825721 | 0.791216 | 0.764237 | |

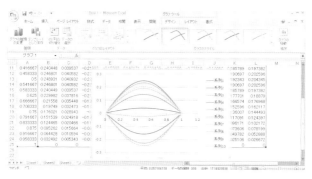

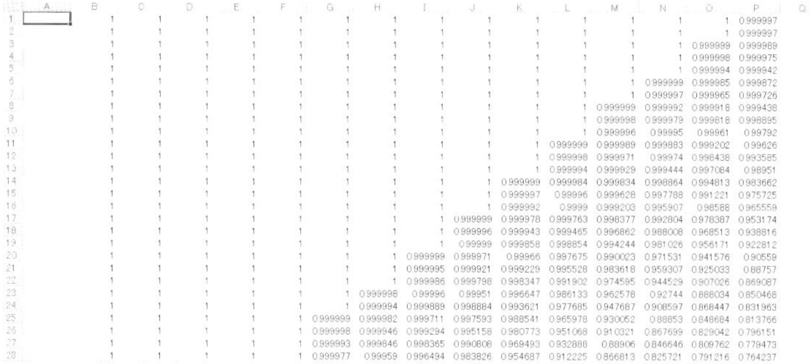

図 C.2　衝撃波管問題

```
Sub wave()
'*****************************************
'      1次元波動方程式    オイラー陽解法
'*****************************************
      Dim U(51), UU(51), V(51)
'**** パラメータの入力
'      WRITE(*,*) 'MX (<52:格子数)?  KM (ステップ数)?'
'      READ(*,*) MX,KM
'      WRITE(*,*) 'R (<0.5 :=dt/(dx**2) ) '
      MX = 25
      KM = 200
      DX = 1# / (MX - 1)
      DT = DX * 0.5
      R = DT / DX
      Pi = 3.141592
'**** 初期条件
      For I = 1 To MX
      X = DX * (I - 1)
      Cells(I, 1) = X
        U(I) = 0.25 * Sin(Pi * X)
        V(I) = 0.25 * Sin(Pi * X)
      Next I
'**** メインループ
      For K = 0 To KM
'****  境界条件
        U(1) = 0#
        U(MX) = 0#
'**** 次のステップのUの計算
      For I = 2 To MX - 1
        UU(I) = R * R * (U(I - 1) - 2# * U(I) + U(I + 1)) + 2# * U(I) - V(I)
      Next I
'**** ＵＵをUにコピー
      For I = 2 To MX - 1
        V(I) = U(I)
        U(I) = UU(I)
      Next I
'**** ５０回に１度出力
        If (K - Int(K / 20) * 20 = 0) Then
        KK = Int(K / 20) + 2
        For I = 1 To MX
          Cells(I, KK) = U(I)
        Next I
        End If
      Next K
      End Sub

'*****************************************
'      衝撃波管問題    マコーマック法
'*****************************************
      Sub shock()
      dim U(100,3),E(100,3),UU(100,3),EE(100,3)
      DX=0.01
DT=0.001

      For i=1 To 50
U(i,1)=1.0
U(i,2)=0.0
U(i,3)=2.5
      Next I

For i=51 To 100
U(i,1)=0.5
U(i,2)=0.0
U(i,3)=1.25
Next i
      nn=300
For n=1 To nn

      For j=1 To 3
U(1,j)=U(2,j)
U(100,j)=U(99,j)
```

```
        Next j

        For i=1 To 100
          e(i,1)=U(i,2)
P=(1.4-1)*(U(i,3)-U(i,2)^2/(2.0*U(i,1)))
e(i,2)=U(i,2)^2/U(i,1)+P
e(i,3)=U(i,2)*(U(i,3)+P)/U(i,1)
        Next i

        For j=1 To 3
For i=1 To 99
          UU(i,j)=U(i,j)-DT/DX*(e(i+1,j)-e(i,j))
Next i
        Next j

        For j=1 To 3
UU(1,j)=UU(2,j)
UU(100,j)=UU(99,j)
        Next j

        For i=1 To 100
          ee(i,1)=UU(i,2)
P=(1.4-1)*(UU(i,3)-UU(i,2)^2/(2.0*UU(i,1)))
ee(i,2)=UU(i,2)^2/UU(i,1)+P
ee(i,3)=UU(i,2)*(UU(i,3)+P)/UU(i,1)
        Next i


        For j=1 To 3
For i=2 To 100
          UUU=UU(i,j)-DT/DX*(ee(i,j)-ee(i-1,j))
  U(i,j)=0.5*(U(i,j)+UUU)
Next i
        Next j

        If (N-Int(N/20)*20 = 0) Then
        II=N/20+1
        For J=1 To 100
         Cells(J,II)=U(J,1)
        Next J
        End If

        Next n
        End sub
```

# Index

# Notice

インデックス出版

# https://www.index-press.co.jp/

インデックス出版　コンパクトシリーズ

## ★ 数学 ★

本シリーズは高校の時には数学が得意だったけれども大学で不得意になってしまった方々を主な読者と想定し，数学を再度得意になっていただくことを意図しています．

それとともに，大学に入って分厚い教科書が並んでいるのを見て尻込みしてしまった方を対象に，今後道に迷わないように早い段階で道案内をしておきたいという意図もあります．

◎微分・積分　◎常微分方程式　◎ベクトル解析　◎複素関数

◎フーリエ解析・ラプラス変換　◎線形代数　◎数値計算

## エクセルナビシリーズ　構造力学公式例題集

定　　価　本体価格 ¥2,400 ＋税
ページ数　270
サ イ ズ　A5
監　　修　田中修三
著　　者　IT環境技術研究会
付　　録　プログラムリストダウンロード可

### 本書の内容

構造力学は、建設工学や機械工学にとって必要不可欠なものです。しかしながら、構造や荷重および支持条件によっては計算が煩雑になり業務の負担になる場合も多々あります。

本書は、梁・ラーメン・アーチなどの構造について、多様な荷重・支持条件の例を挙げ、その「反力」「断面力」「たわみ」「たわみ角」等の公式を紹介し、汎用性のある Excel プログラムにより解答を得られるようになっています。梁については「せん断力図」「曲げモーメント図」「たわみ図」を自動作成します。

Excel ファイルは，本に記載してある ID とパスワードを入力すれば、ホームページより無償でダウンロードすることができます。


## エクセルナビシリーズ　地盤材料の試験・調査入門

定　　価　¥1,800 ＋税
ページ数　270
サ イ ズ　A5
著　　者　辰井俊美・中川幸洋・谷中仁志・肥田野正秀
編　　著　石田哲朗
付　　録　プログラムリストダウンロード可

### 本書の内容

（はじめにより）

本書は、地盤材料試験や地盤調査法を地盤工学の内容に関連付けて、その目的、試験手順や結果整理上の計算式を丁寧に説明しています。試験結果をまとめるデータシートは、規準化されたものと同じ書式の Excel ファイルのデータシートにより整理・図化できます。この Excel ファイルは，本に記載してある ID とパスワードを入力すれば、ホームページより無償でダウンロードすることができます。

データ整理に費やす時間を短縮できるだけでなく，コンピュータ上で楽しみながら経験を蓄積でき、また、実務での報告書の一部として利用することも十分に可能です。

# 「FEM すいすい」 シリーズは、

"高度な解析"と"作業のしやすさ"を両立させた、

## FEM（有限要素法）による解析ソフト

です。本ソフトウェアだけで「モデルの作成」「解析」「結果の表示」ができます。
最新のパソコン環境にも合わせて効率よく作業ができるように工夫されています。

| すいすい入力 | すいすい解析 | すいすい利用 |
|---|---|---|
| 条件作成に時間がかかっていませんか？ | 解析が収束しないことはありませんか？ | 古いソフトをだましだまし使っていませんか？ |
| FEMすいすいにおまかせ | FEMすいすいにおまかせ | FEMすいすいにおまかせ |

## 製品の特長

### ■モデル作成がすいすいできる
分割数指定による自動分割（要素細分化）機能を搭載し、自動分割後の細部のマニュアル修正も可能。
また、モデル作成（プリ）から解析（ソルバー）および結果の確認（ポスト）までを1つのソフトウエアに搭載し、解析作業を効率的に行えます。

### ■ UNDO REDO 機能で無制限にやり直せる
モデル作成時、直前に行った動作を元に戻す機能を搭載しています。

### ■施工過程に応じた解析が簡単
地盤の掘削、盛土などのステージ解析を実施することができます。ステージごとに、材料定数の変更、境界条件の変更が可能です。

### ■線要素の重ね合せで複雑な構造も簡単
例えば、トンネルで一次支保工と二次支保工を別々にモデル化することができます。

### ■線要素間の結合は剛でもピンでも
線要素間の結合は「剛結合」に加え「ピン結合」も選択することができます。

### ■ローカル座標系による荷重入力で簡単、スッキリ
荷重の作用方向は、全体座標系に加えローカル座標系でも指定することができます。
分布荷重の作用面積は、「射影面積」あるいは「射影面積でない」から選択することができます。

### ■飽和不飽和の定常解析と非定常解析が可能
飽和不飽和の定常／非定常の浸透流解析が可能です。

### ■比較検討した場合の結果図の貼り付けが簡単
比較検討した場合のモデルや変位などの表示サイズを簡単に合わせることができます。

### ■数値データ出力が簡単
画面上で選択した複数の節点／要素の数値データをエクセルに簡単に貼り付けることができます。

## 「FEM すいすい」 価格

| | | |
|---|---|---|
| 応力変形 | 165,000 円 | |
| 浸透流 | 220,000 円 | |
| 圧密 | 275,000 円 | |
| 応力変形 ＋ 浸透流 ＋ 圧密（アカデミック版） | 0 円 | 1000節点まで |

本ソフトウェアは前田建設工業（株）で開発され長年使用されている実績あるFEM解析ソフトのプリポスト機能を改良強化したものです。

【著者紹介】

河村 哲也（かわむら てつや）

お茶の水女子大学名誉教授
放送大学客員教授

コンパクトシリーズ流れ 流体シミュレーションの応用Ⅱ

2021 年 4 月 30 日　初版第 1 刷発行

著　者　河　村　哲　也
発行者　田　中　壽　美

発 行 所　インデックス出版
〒 191-0032　東京都日野市三沢 1-34-15
Tel 042-595-9102　Fax 042-595-9103
URL：https://www.index-press.co.jp

Printed in Japan　ISBN978-4-910058-10-8 C3042　　　　　乱丁，落丁本はお取替えいたします.